最美的昆虫科学馆

小昆虫大世界

KUN CHONG JI

昆虫记

最勤恳的挖掘工
——粪蜣螂、螳螂

〔法〕法布尔／原著　胡延东／编译

U0339524

天津出版传媒集团

天津科技翻译出版有限公司

前 言

　　《昆虫记》是法国杰出昆虫学家、文学家法布尔的经典之作，它详细记载了多种昆虫的本能、习性、劳动、婚姻、繁衍、死亡、丧葬等习俗，堪称一部了解昆虫的百科全书。

　　然而《昆虫记》的意义又不仅于此，全书从人文关怀的视角出发，通过对昆虫习性的描写，展现了各种昆虫的个性特点，以及它们为了生存而做的不懈努力，体现了作者对昆虫的尊敬，对生命的关爱。

　　由于《昆虫记》是作者以"哲学家一般的思，美术家一般的看，文学家一般的感受与抒写"编著而成的史诗，也是尊重生命、讴歌生命的典范，所以它问世这一百多年来，便一版再版，先后被翻译成五十多种文字，一次又一次在读者中引起轰动。它的作者法布尔，也因对科学和文学方面的双重贡献，被誉为"科学诗人""昆虫世界的荷马""昆虫世界的维吉尔"。

　　作为中国中小学生的必读课外读物，《昆虫记》因其知识性和趣味性而备受关注，但它毕竟是一部科普巨著，这对课业繁重、理解能力有限的中小学生来说，是一项很大的"阅读工程"。所以本系列丛书就根据原版《昆虫记》所提供的有关昆虫生活习性的资料，以简单通俗的语言将每种昆虫的特点简要呈现出来，省去原书中专业化的术语及大量反复的实验论证过程，保留原书的叙事特色，让孩子在轻松愉快的阅读氛围中体验到昆虫王国的奇特。

　　本套《昆虫记》共分十册，其中《最勤恳的挖掘工——粪蜣螂、螳螂》着重讲述了西班牙粪蜣螂、天牛、螳螂、隧蜂等昆虫的生活习性，它们有的是伟大的母亲，有的是勤恳的挖掘工，有的拥有看门的"外祖母"……总之生活习性各异。你将会在最短的时间内看到它们最变幻莫测的故事，它们虽不是好莱坞电影演员，但却会为你上演最惊险刺激的昆虫生活故事。

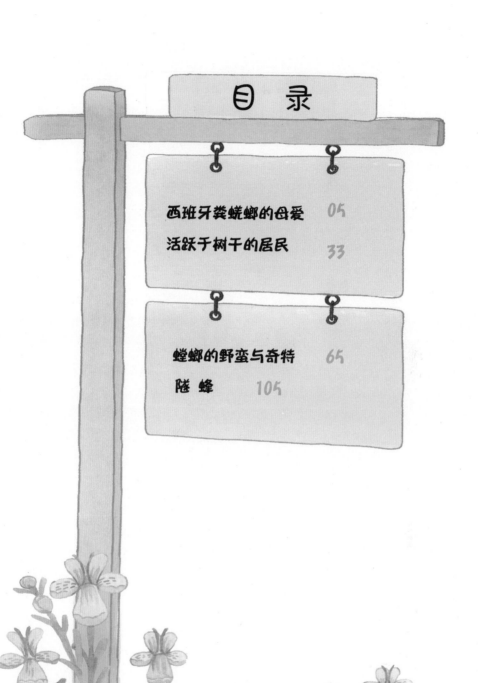

目　录

西班牙粪蜣螂的母爱

母爱与本能

　　母爱最能激发本能——这就是我今天要说的话。

　　筑巢造窝，养育子女，保护家园，这些都是动物本能的显著体现。对昆虫来说，雌虫的主要任务是繁衍种族，延续香火。担负如此重任，母亲宁可牺牲自己的利益，也要保证后代生活得更好、更安全——这便是世世代代昆虫妈妈的母爱源泉。尽管它们智商低下，不懂得生活的意义，但为了捍卫家园，这些"低能儿"也能散发出耀眼的母性光芒，变得伟大起来。而本能，就是这一指导思想的集中体现，所以母性越强的昆虫，被激发出来的本能也就越强。

　　最能体现母爱与本能关系的昆虫应该是膜翅目昆虫，如节腹泥蜂、砂泥蜂等，由于它们身上凝聚着深厚的母爱，所以拥有非常优秀的捕猎和麻醉本能。

但在整个昆虫界，像膜翅目昆虫这样强烈地爱自己孩子的只是少数，一般昆虫的母爱观念远没这么强烈。大多数昆虫只是尽义务一样把孩子生下来，然后就永远离开了，就好像一只母鸡下蛋之后就不再理会鸡蛋的命运一样。母爱观念既然如此淡薄，也就没了发挥"才能"的余地；本能也就没那么强大了。因此，当我惊喜于膜翅目昆虫对后代一丝不苟的关怀时，也就相应地对那些将后代随随便便抛下的昆虫提不起兴趣了，而大多数昆虫，都属于不太关心后代的那种，不过其中一种昆虫——食粪虫除外。

圣甲虫、粪蜣螂们与蜂儿们一样，也喜欢为自己的家族后代准备粮食，只是它们的粮食是垃圾堆、动物的粪便等等。大自然为我们展现了多么奇特的一幕啊！一位母亲为了孩子的幸福去采集散发着香气的花朵，而另一位母亲同样是为了孩子，却奔向肮脏的垃圾堆中采集粪球。

西班牙粪蜣螂在做"面包"

　　我以为所有的食粪虫都拥有特殊的生理构造，有办法保持食物的新鲜，但西班牙粪蜣螂却是一个例外。

　　西班牙粪蜣螂最初根本不会加工粪球，只有在产卵的时候它才将收集来的材料加工成蛋状。主要原因在于，它又矮又胖，行动迟缓，最要命的是它的脚很短，这些因素决定了它没有能力将粪球搬运回家。因此，这就决定了它的流浪生涯，使它一找到食物，就在食物下面挖一个苹果大小的洞，将粪堆一点点抱回洞里，然后就躲在家里不出来了。

　　它在洞里面干什么呢？我非常好奇。于是我将它的洞挖开，想看看它在

里面做什么，顺便再参观一下它的家。它的家是一个宽大的地下室，挖这个地下室，也许雄蜣螂也是帮了忙的，它甚至还可能会帮忙储存粮食。不过最使我感兴趣的还是它们的食物，我亲眼看见它抱进洞的都是粪块、碎屑，但洞里只有一个个巨大的"圆面包"，粪块和碎屑都被揉搓成"面包"了！

这些"面包"，有的像鸡蛋，有的像洋葱，有的像乒乓球，还有的像烤饼。无论是哪种形状的"面包"，表面一律很光滑。我想象着勤劳的母亲将所有的粪块和碎屑搅拌、混合、压紧的样子，想象着它将所有的粪颗粒一点一点揉搓成一个个大"面包"的样子。这可是一个稀奇的场面。为了仔细观察这个过程，我将西班牙粪蜣螂连同它的食物一起放到一个直径与洞口大小相同的广口玻璃瓶中，瓶底铺了一层细沙，然后用一个纸套将玻璃瓶罩起来遮挡光线。只要小心地将套子抬起来一点点，我就能看到里面的情况。

我看到西班牙粪蜣螂趴在食物块上，东摸摸，西瞧瞧，还不时地拍打着食物，然后将突出来的地方抹平，努力使"面包"变得光滑。这个过程有点像我们和面的样子，它差不多用了一个星期完成，这样做既是为了和"面包团"，也是为了使食物发酵。然后，西班牙粪蜣螂又借助自己头盔上的"大刀"和前足上的"锯齿"，将这个大面团切成一个个小面团，每个小面团又揉搓成一个个小"面包"。

完成了小"面包"的加工之后，西班牙粪蜣螂又回到大"面包"块旁边，又切下一小块，用同样的办法将这一小块"面包"加工成一个鸡蛋形粪球，然后在里面产了卵。这样不停地切呀、压呀，直到将这个大"面包"瓜分完毕。所以一般一个大"面包"往往被加工成三个或四个小粪蛋，甚至更多个。

现在让我们来看看母亲的杰作吧：三四个鸡蛋形的小"面包"，尖端朝上，一个挨一个竖立着，撑满了整个小窝。这是多么喜人的成就呀！母亲站在自己的杰作面前，心中一定会感到无比的欣慰。

守护的母亲

　　西班牙粪蜣螂产卵完毕之后，就在地洞里守着几个粪蛋度过一个漫长的夏天，直到幼虫出世，它才领着自己的孩子一起爬出地面。这样亲自照顾自己孩子出世并亲眼见到自己孩子的母亲，在昆虫界还真是少见。

　　整个夏天，母亲在地洞里都做了些什么呢？

　　透过带有纸套的玻璃瓶，我看到西班牙粪蜣螂不断地从一个粪蛋走到另一个粪蛋，不断地摸一摸，凑上去听一听，好像在检查宝宝是否生活得安好。有时候，它还会重新拿出自己的工具，在一个粪蛋上面修修补补，使它变得更光滑，也避免空气进去之后粪蛋变得干燥而难以下咽。可这个地方，我仔细瞪大了眼睛，也没看到什么裂缝或者漏洞，我不知道细心的母亲在这个地方看到了什么潜在的威胁。西班牙粪蜣螂母亲就是这么细致，这么耐心，整个夏天都不停地在粪蛋上面穿梭，不停地修补。

　　我将西班牙粪蜣螂其中两个产过卵的粪蛋拿走，放到一个白铁盒子里，尽量避免粪蛋干燥。可是还不到一周，这两个粪蛋里就长了一株植物，粪蜣螂幼虫的美食成了植物的肥沃土壤，其他一些真菌植物也在其中夹杂着生

长，似乎活得也很滋润。现在这两个粪蛋是多么漂亮呀！上面长满了短短的绒毛，像一个结晶的胚芽。

　　然后，我又将这两个漂亮的胚芽重新放到西班牙粪蜣螂面前，重新盖上罩子。结果一个小时之后，我惊奇地发现，那两个粪蛋上的植物已经全部消失了，它们被细心的母亲连根拔掉了，连一根细丝都没留下。刚才粪蛋上还铺满了厚厚的植被，但现在即使用放大镜观察，也很难发现一点植物的气息。我完全有理由相信，在西班牙粪蜣螂母亲的细心呵护下，粪蛋恢复了应有的干净和卫生。

　　我用小刀在粪蛋上捅了一个洞，使卵露了出来。然后我将自己的杰作重新放到母亲面前，重新盖上罩子。如果这个裂缝没被补上，粪蛋里面就会进入空气，里面的食物就会很快干燥，幼虫很快就会死去。如果母亲有足够的爱心，就不会让这种事情发生的。我果然看到，母亲很快就行动起来，重新将碎屑拢成堆，黏合起

来，将我弄的洞给补上。如果材料还有些缺少，它就在粪蛋的侧面刮一些碎屑，然后用这些碎屑补漏洞。

我又做了一个更残酷的决定，将它的四个粪蛋全部都挖一个洞，让所有的卵都露在外面。结果我发现，家庭遭此大难，母亲丝毫没有被击倒，还是迅速地将所有的洞都给补上。

现在我完全被西班牙粪蜣螂的母爱所感动了，我相信它即使在打盹的时候都会保持警觉，绝不会允许自己的粪蛋有一点点的裂缝，更不允许粪蛋变干。在整个夏季的时间里，西班牙粪蜣螂就这样挨着饿守在孩子们身边，直到孩子们平安无事地来到了世间。它们对后代完全负责的精神，丝毫也不亚于我们人类，这对昆虫来说是多么的不容易呀！

"滥竽充数"的失败

　　我模仿着西班牙粪蜣螂，亲自为它造了一个大"面包"，比一般西班牙粪蜣螂造的"面包"要大得多。结果我发现，西班牙粪蜣螂开始直接在我的大"面包"上加工小"面包"，由于材料够多，所以它就不将数量限制在三四个，而是根据材料加工了许多，数量最多时可达七个。这时候大"面包"仍然有剩余，西班牙粪蜣螂却不再加工小"面包"，而是留着自己吃了。

　　我又亲自动手造了一个小粪蛋，直接可以在上面产卵的那种。这个小粪蛋是我模仿西班牙粪蜣螂做的，大小、形状与它自己造的完全一样，将它放在西班牙粪蜣螂的粪蛋里，我根本看不出哪个是我自己造的，哪个是西班牙粪蜣螂造的。然后，我将自己造的这个粪蛋放到那一堆粪蛋中间，试图以假乱真。

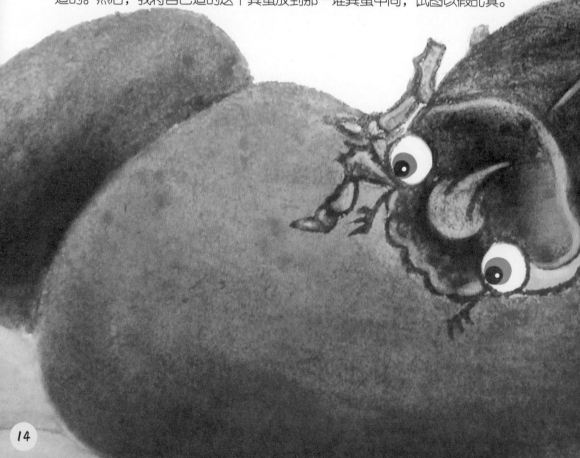

我惊奇地发现，西班牙粪蜣螂毫不犹豫地就爬到我做的那个粪蛋上，在顶部挖了一块，然后在里面产了一个卵，又重新封上了盖子。它怎么认得出来这个不是它自己造的呢？我也只有通过放的位置才能判断哪个才是我造的粪蛋。于是我又重造了一个粪蛋，将它放到最右边，结果再去察看的时候，发现西班牙粪蜣螂正在我的粪蛋上造拱顶。已经产了卵的粪蛋是不能挖开的呀！西班牙粪蜣螂怎么知道这个球下面没有卵呢？我试了好几次，结果都是一样，粪蜣螂母亲完全能认出来哪个是我造的，哪个是它自己造的，而且聪明地利用了我的粪蛋，稍微加工一下就将卵产下了。只有一次，可能是它饿了，没有产卵，直接将我做的粪蛋给吃掉了。后来，我又放了几次圣甲虫的粪蛋，质量无可挑剔，结果西班牙粪蜣螂也是很轻易就辨别出了他人造的粪蛋，或在里面产卵，或将其吃掉。

　　这充分证明，西班牙粪蜣螂有辨别"有卵粪蛋"与"无卵粪蛋"的能力。它是靠什么区别这两种粪蛋的呢？不是视觉，不是嗅觉，也不是触觉，不是味觉，也不是听觉，西班牙粪蜣螂还有什么"觉"是我不知道的呢？我只能说，肯定有东西指引着它将不同粪蛋区别开来。这个东西是什么？我不知道，正如我无法解释膜翅目昆虫的麻醉术一样，昆虫王国这样难解的谜题太多了。

渗出来的"土豆泥"

　　我切开西班牙粪蜣螂粪蛋的时候，发现"婴儿室"的墙壁上一般都有一些暗绿色的泥浆，会流动，好像是被分泌出来的土豆泥。这些软软的"土豆泥"，是不是母亲为孩子准备的第一份口粮呢？

　　我最初是在圣甲虫婴儿室的内壁上发现这种"土豆泥"的，还以为这是圣甲虫妈妈特意为孩子准备的甜点。后来我却发现，所有食粪虫，包括西班牙粪蜣螂，甚至粗野的粪金龟，幼虫房间的墙壁上都有这层东西。于是我就想，这可能不是妈妈们特意准备的，而是粪料上的精华被夏季高温天气炙烤出来的东西，就像我们熬粥的时候会熬出"米油"一样。

　　现在我想知道的是，这些流动的"土豆泥"，是不是新生婴儿的第一道餐点。

　　一只圣甲虫刚刚做好一个粪球，它开心得不得了，正拿着这个粪球滚动着玩呢！我粗暴地将这个粪球抢了过来，然后放到饲养西班牙粪蜣螂的笼子里。我用小刀将粪球的表面挖了一个1厘米深的小坑，将一只刚刚孵化出来的西班牙粪蜣螂幼虫放到这里。这个小东西来到人间还从来没有进食过呢！我专门为它抢来的粪球除了没有天花板，没有流动的"土豆泥"，其余都与自然状态下它的小窝没什么区别。

　　幼虫在我准备的小窝中安顿了下来，那镇静自若的样子，好像从来没有被人打扰过一样。后来，小窝中仍然出现了流动的"土豆泥"，它果然是粪料精华渗透的结果。由于渗出来的东西总是出现在墙壁上，所以幼虫很容易发现这些"土豆泥"，也就会先吃掉它。但幼虫吃的第一口食物，不一定是这些"土豆泥"，这些"土豆泥"本身并没有什么特别之处，是我太大惊小怪了。

补 洞

真正精彩的故事在后面。

我准备的小窝与母亲造的小窝相比，明显少了一个屋顶，幼虫就在我的注视下进食。也许是我的目不转睛令幼虫害羞了，它在露天的房子里住了不久，便想将这个屋顶给补上去。

问题是：现在它还只是一只很小很小的虫子，还没长出母亲那样的抹刀，而且它还没吃什么食物，没法将消化的东西排泄出来当水泥用。它会采取什么方法将屋顶补好呢？

只见它举起足和额头上的锉刀，使劲往墙上耙，墙壁上的粪料很快就被扒拉了下来。然后，它举起这些粪料碎屑，一块一块地堆到洞口，做成了一个屋顶。这个工程进展得很快，它很快就完成了。但工作时间往往与工作质量呈反比，屋顶造得很快，但却很不结实，我只要轻轻一摇，它的屋顶就会塌下来。但是幼虫不管这些，只管埋头吃东西。好在它的消化功能出奇地好，只要一进食，它的肠子里马上就有了东西，很快就能排泄了。它排泄出来的东西就是"水泥"，那个原本还不牢固的房顶，被这些"水泥"一喷，房顶之间的空隙立刻就被补上了，"水泥"一干，整个房顶就变得很牢固了。

难道所有的幼虫都会采取这样的自救方式吗？不是的。一些快成熟的幼虫只会喷一些泥浆堵洞，不过"水泥"太多也太稀了，不能马上凝固，而是很快散开来，洞口并没有被堵住。它这样重复了好多次，依然没有补好我挖的洞。反而是年龄更小的幼虫，知道先在墙壁上耙一些粪料，做成建筑架子，然后再往上面喷水泥。年纪小的虫子掌握的技艺，年纪大的虫子却不知道，这不是很奇怪的事吗？

　　我只能这样猜测：昆虫的有些技艺，只能在特别的阶段才能发挥作用，过了这个阶段，它就会忘记了这个技艺。

养母也可敬

我从野外捡来一些经过风吹雨打磨损的粪蛋，在上面挖了一个小洞，里面的幼虫马上就动手去补这个致命的洞，只是没有成功而已。然后，我将其中一个粪蛋放到西班牙粪蜣螂面前。当时这个母亲正在看护自己的两个孩子，但对于我送给它的养子，它也没有拒绝。半个小时之后，我看到这个养母正趴在我捡来的粪蛋上修补，它是那么的专心，看到有光线进来也没有吓得躲起来。很显然，事情在它看来很紧急，以至于它宁愿置自己的安危于不顾，也要将孩子的小窝造得更安全一些。于是这个一向胆小的母亲，就在我双目注视之下，刮去了粪蛋上面红色的伤疤，用其他粪屑涂抹在缺口上，然后又将整个粪蛋涂抹一番。于是，那个被我从野外捡来看起来很沧桑的粪蛋，就变得跟广口瓶中其他的粪蛋一样光滑和平整了。

那个幸运的粪蛋，不但得到了西班牙粪蜣螂妈妈快速的修补，还享受到

了母爱。那只西班牙粪蜣螂，除了修补好养子的洞，接下来的时间，还像对待亲生孩子一样，一动不动地守在这个粪蛋前面，不停地用自己的触角将粪蛋表面的土层刷掉，将凸凹不平的表面给刮平，使粗糙的地方变得更细腻、更有曲线美。总之这个野孩子粗陋不堪的屋子，在养母的精心照料下，变成了一个光滑细腻的小别墅，看起来舒适极了。

为什么这个母亲会对别人的孩子那么关心呢？是偶然情况吗？我又放进去一个别人的粪蛋，这个粪蛋的顶端被我开了一个很大的洞，修补难度更大。面对着这个致命的大洞，里面的幼虫焦急地乱挥动自己的手脚，不停地往洞口喷"水泥"，情况看起来糟透了，可能它这一辈子也无法自己修补好这个洞了。养母看到这种情况，像一位母亲探望摇篮中的婴儿一样趴在洞口，看起来像是在安慰孩子。然后它伸出前足开始工作，一会儿刮洞边的粪屑，一会儿四处搜寻别处的粪屑。于是，"母子"二人，一个在外面垒粪屑，一个在里面喷"水泥"，开始了完美的合作。由于粪屑太干了，养母不得不将粪屑和"水泥"搅和一下，使材料变得柔软之后再糊上去。这样忙活了一个下午，它们终于将那个很大的洞口给堵上了。

泛滥的母爱

前面的实验让我得到一个教训：不要寻找粪屑太硬的粪蛋，否则会加重修补工程的难度。以后我就找了一些稍微软一点的粪蛋，养母只需将碎粪块压下去，重新糊上就行了。这样的实验我还做了好几个，不管洞口有多大，养母总是很快就将洞口给补上了。我总共捡来10只粪球，西班牙粪蜣螂这位养母，都像对待自己亲生孩子一样，不但修补好了洞口，还对粪蛋表面进行了加工和打磨，使这10个没妈的孩子都得到了很好的照顾。

现在，连同西班牙粪蜣螂自己的两个粪蛋，总共12只粪蛋，整整齐齐地排列在广口瓶中，看起来像一瓶子李子。如果不是广口瓶已经装满了，我可能还会捡来更多粪蛋给西班牙粪蜣螂做实验，不过我相信它依旧会去修补和美化粪蛋，因为它的母爱是源源不断的，永远不会枯竭。我还有其他证据证明这一点。

广口瓶底就是西班牙粪蜣螂的地板，这个地板上只能放得下3个粪蛋，其余的9个粪蛋，就一层层交叉着堆在上面，正好堆了四层。中间除了一条弯弯曲曲的狭窄通道，再没有别的空间。西班牙粪蜣螂要想视察每个粪蛋是否完好，只能从这些狭窄的通道里走过。如果没有别的事情，它就趴在粪蛋的下面，贴着广口瓶中的沙子。

这次，我从中拿了一个粪蛋，又用小刀挖了一个洞，然后将这只粪蛋放到最上面。然后我重新罩上纸套，等了几分钟才去看。结果我发现，那个原本趴在最下面的母亲，正趴在最上面的粪蛋上做修补工作呢！

隔着几层的粪蛋，它怎么就知道最上面的粪蛋发生了什么事呢？粪蛋里的幼虫应该不会大声地呼救的，它什么也不会说，只会绝望地往洞口喷"水泥"。守在最底下的母亲，尽管没有听到呼救声，也匆匆地赶来救它了，好像根本就是听到呼救才赶来的一样。我再次被昆虫神秘的感官弄糊涂了，它没有听觉，却听得到呼救的声音；它没有视觉，却能隔着几层东西看到危险。难道母爱激发的能力就这么强吗？唉，感官这个问题我一直都没弄清楚，暂且不在这里多说了吧！

膜翅目昆虫的母爱最浓烈，它们为了更好地照顾后代，往往不得不掌握

一门很高深的技能。但它们当中的有些种类对于别人的卵却很吝啬自己的母爱，甚至还会粗暴地对待别人的孩子，经常做出将别人的卵从窝里拖出来丢掉的举动，更残忍的还会毫不留情地踩死别人的卵，甚至吃掉别人的卵。它们这些号称"最具有母爱精神的昆虫"与悉心照顾养子的西班牙粪蜣螂相比，真是微不足道。

但我们也不能笼统地将西班牙粪蜣螂这种好心的行为当作食粪虫之间互相关心的证明，它还没有那么崇高。它之所以会这么做，是因为它认为自己在照顾自己的亲生孩子。它对外来的"野孩子"表现的关心，与对待自己的亲生孩子没有一点区别。它有两个孩子这个事实，与有12个孩子没什么区别，因为它根本就不会区分2与12在数量上的多少，因为它根本就没有这么高的智商。2与12在它眼里根本就是没有区别的，它们一起出现在自己的面前，那它们就全部是自己的孩子，都是自己照顾的对象。

对于西班牙粪蜣螂的这种行为，有人可能会以"同情心"来概括。因为他们就曾经用同样的方法解释蟒蛇，使得一只蛇的普通行为变成了多情而充满感恩的证据。这样靠自己的想象力凭空将自己的感情加在动物头上，是多么的滑稽啊！

如果西班牙粪蜣螂真是一种非常善良而又富于同情心的昆虫，那么古代的埃及人恐怕不会对圣甲虫顶礼膜拜，而会转为对西班牙粪蜣螂这种博大的母爱表现出热烈的赞赏。

还是不要花费太多精力讨论虫子的智慧吧，以我们的智慧，很难理解虫子们的行为，又怎么有资格将自己的想法安在它们的头上呢！

侧裸蜣螂的"母爱"

　　侧裸蜣螂的"母爱"也值得一提。

　　当侧裸蜣螂抱着粪球走进我在花盆里为它安的家之后，我突然将花盆底朝天掀过来，狼狈不堪的母亲不得不从废墟中爬出来，但它仍然没忘记它特意为孩子们准备的东西，仍然将粪球牢牢地抱在怀中。可惜的是它挖的通道和洞已经没了。然后，我将花盆重新装好土，请侧裸蜣螂回来。面对家园的废墟，坚强的母亲并没有泄气，它很快就在花盆里重新挖好一个洞，一边挖洞还一边抱着自己的粪球，唯恐孩子将来饿肚子。

　　可是它刚刚收拾好房子，我又来搞恶作剧了，又将花盆掀了个底朝天，侧裸蜣螂的家园再次成为废墟。然后我又将花盆装好土，再次请侧裸蜣螂进去。小小的母亲依旧没有气馁，仍然像第一次建造家园那样兴致勃勃，很快它又带着自己的粪球挖好了一个洞。我又将花园掀了个底朝天……

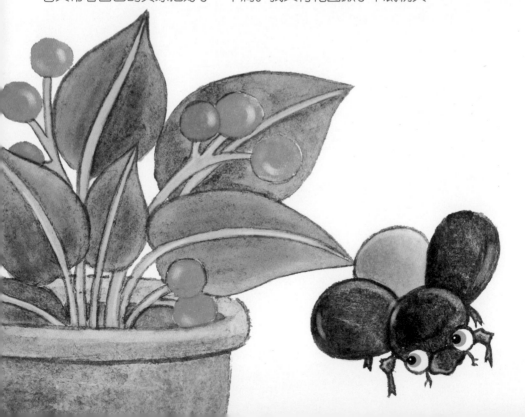

两天之内，我对同一只侧裸蜣螂做了四次这样的实验，它毫无怨言，每一次都以极大的热忱重建家园。我一面为它执着的精神所打动，一面为自己的行为感到抱歉，再说，我还真怕累死了这位可敬的母亲，于是我就换了另一只侧裸蜣螂做实验。实验证明，所有的侧裸蜣螂都是一样的，它们都会顶住我的骚扰，不知疲倦地抱着自己的粪球重建新房。

母亲的执着令我惊讶，它带着粪球干活更让我诧异。很显然，它不愿让粪球离开自己，因为这是孩子们救命的粮食。不管带着粪球干活多麻烦，它依旧不辞劳苦地这样做，因为只有这样它才心安。

我不忍心再打搅这些可敬的母亲，于是就放手让它们自己干。洞很快就挖好了，梨形粪球和粪蛋也做好了，卵也产下了，母亲封锁房门出来了。母亲对粪球到底有多在意？我实在无法打消自己的好奇心。于是就挖出它的梨形粪球或粪蛋，将母亲抓到这些劳动杰作面前。

如果母亲仍旧那么在意自己的家庭，它会将梨形粪球或粪蛋重新抱在怀里，然后再挖一个洞，重新将梨形粪球或粪蛋放到洞里。更何况它的孩子就躺在粪球里，更不能在外面放置太久。可这次母亲却什么也没做，好像根本就没发现眼前就是自己刚刚才亲手加工的粪球，也没发现孩子正躺在烈日下遭受暴晒。眼前这个东西对于它来说跟一块石头没什么区别，它怎么会在意一块石头呢？结果它什么也没做，就面无表情地离开了。

　　对待没有孩子的粪球，它尚且一次又一次地将它埋到地洞里以防被太阳晒干，但对于有孩子的粪球它却表现得那么冷漠。这让我再次看到了本能的滑稽：先前之所以一再将粪球抱在怀中挖洞，是因为本能需要，产卵之后却不再关心粪球，是因为它已经过了关心粪球的阶段。对它来说，现在工作已经完成，它只要接受"封锁洞口离开"的程序指令就行了，没必要退回来纠正前面的错误。本能告诉它：你只要跟着程序继续往前走就行了，不要退回来纠正。因为纠正错误属于智商的内容，它是没有智商的。

小贴士：可敬的母亲

你知道吗？昆虫世界里有好多这样的母亲，一生生很多很多孩子。如芫菁，它短短的一生中能生几千个孩子，一般的昆虫虽然不生这么多，但也总比西班牙粪蜣螂的孩子数目多得多。但这个世界并没有被铺天盖地的芫菁所淹没，其他昆虫也没有覆盖地球，西班牙粪蜣螂在整个地球上与它们的数目应该是差不多的。因为这些母亲的孩子虽然很多，但母亲生下孩子之后就跑开了，根本不亲自照顾孩子，没娘孩子的生活条件怎么能与有娘孩子的生活条件相比呢？所以那些不被照顾的孩子，很多都在残酷的自然生存环境中死掉了。生的孩子多又有什么用呢？西班牙粪蜣螂虽然只有三四个孩子，但它们在母亲的精心呵护下，基本都顺利长大了。

实际上，西班牙粪蜣螂对孩子们的爱护体现在方方面面，而不仅仅是看护。西班牙粪蜣螂的主要活动有两种：养育后代，制作粪球。前面我着重讲了养育后代时所体现的母爱，其实在制作粪球的时候它们也是充满爱意的。

与"高级面包师"圣甲虫相比，在制作粪球方面，西班牙粪蜣螂没有一点优势，因为它根本就没有制作粪球的工具，它身上没有任何这方面的天

赋：短小的腿，不太锋利的锉刀，它甚至不知道球形是怎样加工出来的，更不会将一个粪球推着转回家。

所以当你看到那整齐光滑的粪蛋时，你应该能想象得到这位母亲克服了多大的困难。但为了孩子能吃到新鲜绵软的食物，它不得不举起自己不灵活的足，细心地、耐心地、一点一点地制作粪球。"高级面包师"的工具好，一会儿就能揉搓出来一个粪球推回家。而西班牙蜣螂没有那么好的工具，只能做得慢一点，认真一点，哪怕一连做个三四天也没关系。所以我观察到的

西班牙蜣螂，往往需要两三天才能制作出一个粪蛋。

　　工具不好用是最痛苦的。粪料必须被加工成体积最大而表面积最小的圆形或者蛋形，只有这样才能尽量避免粪料的干燥。圣甲虫的足很长，它可以立着一只脚不动，然后整个身体像圆规一样缠好自己的粪球。但是西班牙蜣螂的足很短，不能像圣甲虫这样缠抱粪球。它只有站在粪蛋上，用自己的足一点一点地按压，一点点地加工，以劳动的恒心来弥补劳动工具的不足。为了检查粪蛋够不够圆，它不得不爬来爬去，检查检查这头，检查检查那头，

看看曲线是否够完美，看看粪蛋是否对称。它就这样不分昼夜地干活，尽管方法很笨拙，但也制作出了一个完美的粪蛋，加之后期不断地修补，它的粪球甚至比"高级面包师"圣甲虫的作品还要漂亮。

为什么西班牙粪蜣螂要做这些自己不擅长的工作呢？原因很简单，因为孩子需要这样的粪球或粪蛋！只要孩子喜欢，自己吃再多的苦又有什么关系呢？

这就是西班牙粪蜣螂，一个平凡的虫子，一个伟大的母亲。

活跃于树干的居民

蛀痕树干

    我对天牛的研究，开始于一个寒冬即将来临的下午。眼看寒冷的北风就要刮过来了，我请伐木工人为我送来一些取暖的木柴。柴火送到之后，我特意选择了一些树龄大且全身都有蛀痕的树干。伐木工人看到我的选择，忍不住笑起来，因为他觉得优质的木柴更容易燃烧，因此想不通我为什么选择这些有蛀痕的木材。

    我自然有自己的打算。对我来说，这些木材首先应该是实验研究的对象，其次才是越冬的燃料。这些木材来自橡树，漂亮的树干上布满了一道道蛀痕，有的地方树皮已经掉了，树枝已经被虫子咬掉了，树干也被啃噬过。可怜的橡树呀，你经历了多少磨难啊！我完全能够想象，吉丁虫怎样将扁平的长廊驻扎在你的树干上，壁蜂怎样揉捏你的叶子并在长廊中修筑别墅，不甘示弱的切叶蜂也用你的树叶制成了睡袋。也许这些破坏你都能忍受，依然可以昂首挺胸地抵抗风雨。可是一旦遇到神天牛，这些以你们多汁的树干为食的家伙，纵使你们的生命

力再顽强，也不得不乖乖地投降，慢慢变得衰弱、易断，最终沦为木柴。

究竟神天牛有多么大的神通，使得坚强的橡树变得不经风雨呢？剖开树干，我发现残害树木的只是天牛的幼虫，年长的也只有一根手指那么粗，它们钻到树干中不停地吃呀吃，肚子吃得鼓鼓的，像一节蠕动的小肠。

这个贪吃的小家伙，一般会在树干里待上三年，我们以为它被树干囚禁了，其实它在里面快活得很。它的生活，就是每天在树干中挖掘坑道，将挖出来的木屑吃掉，然后很快就排泄出来，在身后留下一条痕迹。漫漫三年，一千多个日子，它就这样一边挖路，一边进食，一边排泄，将好好的树干挖成一个道路纵横的迷宫。所以我们很难说它这是在挖坑道消遣，还是在进食，反正它就这样浑浑噩噩地过日子，开开心心地在树木上搞破坏，别人骂它是"钻木虫"也好，骂作"木蠹"也罢，它才不管别人怎么评价，也不管橡树是否喜欢，只管过自己的日子。直到三年之后某个春暖花开的日子，它才从树木里钻出来，羽化成一只漂亮的神天牛。

"重度残废者"

撇开神天牛幼虫有力的大颚，我们几乎看不出这是一种凶狠伤害树木的害虫。因为幼虫其他部位的皮肤，像缎面一样细腻，像象牙一样洁白，这样完美的皮肤，怎么可能是由木屑转化而成的呢？可是幼虫的唯一嗜好就是啃食树干，什么样的吸收和消化器官才能将木屑转化成富有光泽的皮肤呢？大自然的安排真是高深莫测！

可是你能想象吗？更令人感到奇怪的是，这个以钻木为乐的虫子，脚只有1毫米长，完全不能用来爬行，身体又是那么肥胖。当我看到神天牛幼虫的行进方式时，就更吃惊了，它竟然可以进行双面爬行：想用腹部走就用腹部，想用背部就用背部。

神天牛幼虫腹部的前七个体节和背面，都有一个四边形的步泡突，这个步泡突可以随便膨胀，随意凸出，随意下陷，随意摊平。背面的步泡突还以背部的血管为界分成前后两个部分。幼虫爬行的时候，它可以首先鼓起后面的步泡突来压缩前面的步泡突，这样身体就伸长了，它就可以向前滑动半步，然后再将身体提上来，完成后半步。

就是靠这样奇怪的走路方式，神天牛幼虫在高大的树干里来去自如，那个在我们看来非常碍事的步泡突，却成了幼虫前进和保持身体平衡的工具。而那个在我们看来应该用来走路的脚，却成了完全多余的东西，对行走没有一点帮助。为什么它会有这样奇怪的走路器官呢？既然脚不能用了，去掉不是更好？如果进化论是正确的话，那么为什么它那没用的脚却没有完全退化掉？又是什么促使它长了这么奇怪的步泡突？神天牛幼虫这样奇怪的结构究竟是生存环境影响的结果，还是遵循着其他自然法则呢？

我发现，除了微弱的味觉和触觉，神天牛幼虫没有什么更惊人的感官能力。

综上，神天牛幼虫在我眼里就是这样一个东西：脚不会走路，又瞎又聋又闻不到气味，除了会用大颚钻木，别无所长，堪称一个"重度残废"。

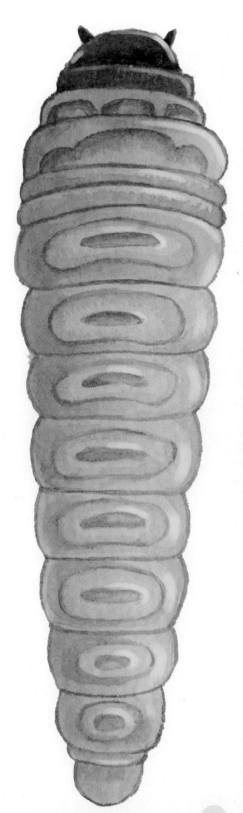

不可思议的未卜先知能力

可是你无论如何也想不到，这个又瞎又聋又闻不到气味又不会用脚走路的小东西，竟然有着未卜先知的能力！

在树干生活的这三年，神天牛幼虫每天都在不停地到处挖坑道，这里挖一条，那里挖一条，看起来就是一个人在粗壮结实的树干中毫无目的地转来转去，好像一个没有生活目标的流浪汉。可是无论它怎样转悠，始终没有远离树干深处，这里是它最初的家，气候温暖，舒适安全。所以一千多个日子里，它从来没想过离开这个地方。直到三年后的一天，羽化的日子到了，它才不得不离开这个地方，奔向树干外更广阔、更自由的空间。

要想逃离树干也很简单，就是不停地往外挖洞就行了，然后从洞中爬出去——你又在用人类的思维看问题了吧！神天牛的成虫根本不可能通过树干中的通道中逃出去。因为三年来幼虫一直在不停地挖，不停地吃，身体在一点点地变大，它挖的洞也随着自己的体型变得越来越宽敞，所以它羽化为成

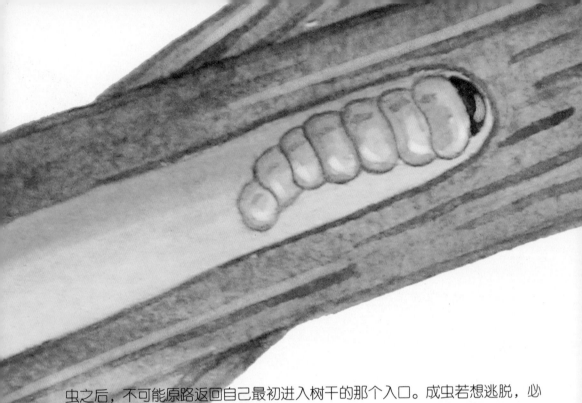

虫之后，不可能原路返回自己最初进入树干的那个入口。成虫若想逃脱，必须将身后那过于狭窄的通道重新清理，但它却不能完成这项艰巨的任务——这是多次试验的结果告诉我的。

　　自然状态下，神天牛会怎样逃出牢笼呢？我想起卵蜂虻。卵蜂虻的成虫不会挖洞，所以挖洞找出口的任务就交给了蛹，因为蛹有一个非常锋利的钻头。最后蛹在抵达出口的那一刹那羽化，卵蜂虻成虫才有机会无拘无束地飞向广阔的大自然。神天牛应该也是通过类似的方式逃出牢笼的吧？

　　于是我放弃了对神天牛成虫的观察，转而关心幼虫。结果我发现，三年来一直居住在树干深处的神天牛幼虫，在羽化日期将要到来的时候，冥冥之中不知听到谁的命令，悄悄转移到树表，冒着被啄木鸟发现的危险，在橡树的表皮层挖了一个洞，用木质纤维绒毛布置好一个蛹室，在洞外留一些石灰浆路障，然后头朝门外变成一只蛹住下了。它只为自己留下一层树皮当掩护的窗帘。最后羽化的时候，神天牛幼虫只需用自己的大颚和额角轻轻啄一下，这层薄薄的窗帘就被撕破了，它从容地爬了出来。更绝的是，有的幼虫根本连窗帘也没留，直接留一个裸露在外的洞口，成虫连捅破窗帘这道程序

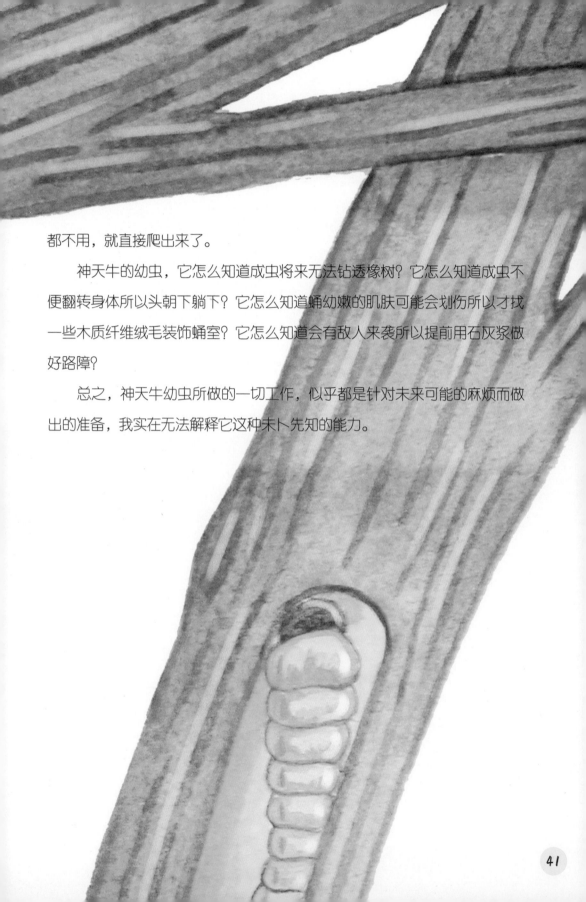

都不用，就直接爬出来了。

神天牛的幼虫，它怎么知道成虫将来无法钻透橡树？它怎么知道成虫不便翻转身体所以头朝下躺下？它怎么知道蛹幼嫩的肌肤可能会划伤所以才找一些木质纤维绒毛装饰蛹室？它怎么知道会有敌人来袭所以提前用石灰浆做好路障？

总之，神天牛幼虫所做的一切工作，似乎都是针对未来可能的麻烦而做出的准备，我实在无法解释它这种未卜先知的能力。

"豪宅"里的故事

神天牛的羽化结果我先告诉了大家，实在是因为我忍不住想让大家提早知道这个消息。现在，就让我们来看看事情的正常发展过程。

从树干深处挖到树表之后，神天牛幼虫又重新退回坑道中，在出口的侧面挖了一间蛹室。这是我所见过的最豪华也是最坚固的城堡。蛹室长达8~10厘米，呈扁椭圆形，界面有两条中轴，横轴一般长2~3厘米，纵轴长1~2厘米。总体来说，房间很宽敞，比神天牛成虫还要长，神天牛长长的身体足以在里面自由活动。

树皮可以说是神天牛的房顶，房顶下面一般还有两三层。第二层由幼虫挖出来的木屑构成，最底下一层则是一个白色新月形的矿物质封盖，有的蛹室内最下层之后一般还有一个木屑壁垒。这两层和最后的木屑壁垒，统统都起着防御外敌入侵的作用。忙完壁垒的工作，幼虫就开始布置蛹室了。

最引人注目的是那个白色新月形的矿物质封盖。这个盖子内部光滑，外部有似板栗外壳的颗粒状突起。而且建造封盖的材料，你也许想不到，它竟然是由含钙物质组成的。经过我的研究，这种含钙物质是碳酸钙和一些蛋白质。

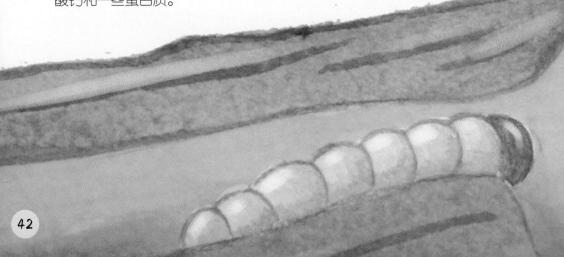

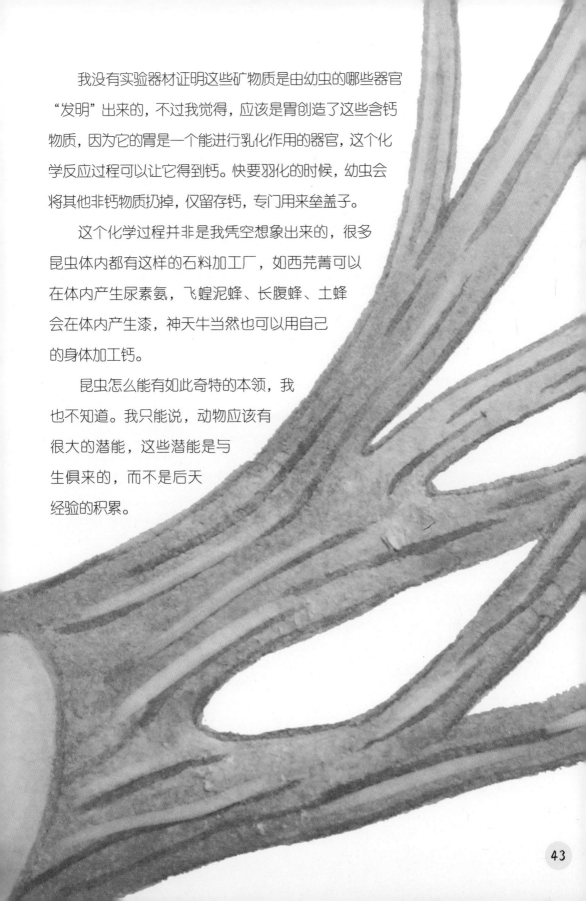

　　我没有实验器材证明这些矿物质是由幼虫的哪些器官"发明"出来的，不过我觉得，应该是胃创造了这些含钙物质，因为它的胃是一个能进行乳化作用的器官，这个化学反应过程可以让它得到钙。快要羽化的时候，幼虫会将其他非钙物质扔掉，仅留存钙，专门用来垒盖子。

　　这个化学过程并非是我凭空想象出来的，很多昆虫体内都有这样的石料加工厂，如西芫菁可以在体内产生尿素氨，飞蝗泥蜂、长腹蜂、土蜂会在体内产生漆，神天牛当然也可以用自己的身体加工钙。

　　昆虫怎么能有如此奇特的本领，我也不知道。我只能说，动物应该有很大的潜能，这些潜能是与生俱来的，而不是后天经验的积累。

工具不决定职业

　　我在樱桃树上发现了一个黑如炭精的小天牛——栎黑天牛。栎黑天牛与神天牛一样，也是以木屑为生，樱桃树干就是它常积聚的地方。我在樱桃树皮下面发现了很多栎黑天牛的幼虫，其中有些幼虫很小，有的大一些，还见过一些栎黑天牛的蛹。这些大小不一的幼虫告诉我，栎黑天牛的幼虫期也很长，也是三年。

　　当然，作为两种不同的昆虫，栎黑天牛与神天牛有很多不同的地方。我总结出它们的两大不同之处：

　　1.逃跑路线不同。

　　栎黑天牛变成蛹之前，会离开树皮，钻入树干两个拇指深的地方，身后会留下一个为成虫逃跑的通道，遮掩通道口的是树皮。神天牛变成蛹之前，会离开树干深处，冒着被啄木鸟发现的危险，转而钻到树皮处，停留在此建造蛹室。两者的逃跑路线刚好相反，前者从树皮钻入树干，后者从树干深处来到树皮处，一个向里，一个向外。

　　2.蛹室不同。

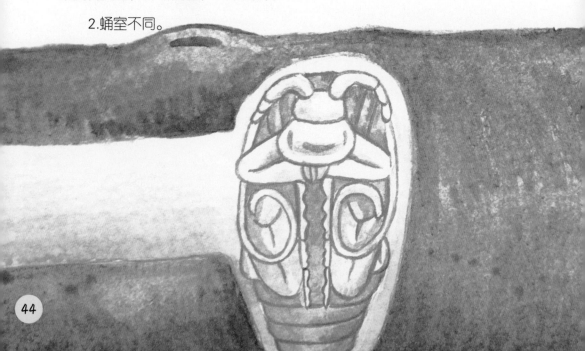

  栎黑天牛的蛹室建造在树干内部，它是一个橄榄形的巢穴，约有3～4厘米长，1厘米宽。蛹室内壁光秃秃的，没有装修。神天牛的蛹室建造在树皮后面，是一个扁椭圆形的巢穴，房间比栎黑天牛的大一些，蛹室内有木屑做成的柔软的墙毯。两者蛹室位置不同，巢穴形状不同，装修情况也不同。

  这两个不同能说明什么？说明尽管它们的劳动工具相同，劳动方式却不同，工作结果也不太相同，可见工具并不能决定职业行为，神天牛可以称得上装修工程师，栎黑天牛却不是。

  其他天牛也能提供同样的证据。例如，生活在黑杨树上的轧花天牛和生活在樱桃树上的标准天牛，它们两个虽然有同样的挖掘工具，有同样的身体结构，但逃跑路线也不同。轧花天牛同神天牛相似，幼虫居住在树干深处，将要化蛹的时候来到树皮处，然后重新返回到通道里造蛹室。标准天牛则与栎黑天牛相似，幼虫居住在树皮与树干之间，蛹期将近时往树干里面钻，然后做一个两头呈半球状的圆柱形洞穴。

  轧花天牛和标准天牛的行为再次告诉我，即使有同样挖掘工具的同属昆虫，也都有各自不同的工作方式，工具并不决定职业行为。

看看吉丁的做法

吉丁也能为我提供类似的证据。它与天牛一样，也喜欢啃食、破坏树木。

青铜吉丁喜欢住在黑杨树上，它的幼虫总是钻入树干深处吃木屑。蛹期快要来临时，它像神天牛一样，从树干深处来到树表，建造一个橄榄形的扁平蛹室，然后在蛹室后面塞满木屑，当作长廊。蛹室的前方有一段弯弯曲曲的小门厅，门厅前面就是树皮了。吉丁羽化之后，只要捅破这片树皮，就解放了。

九点吉丁则喜欢杏树，它的幼虫总是钻入杏树树干深处生活，平常总是挖一些弯弯曲曲不规则的通道进食。蛹期快要来临时，它突然挖一条弯曲呈肘形并通向树表的通道。我试图这样解释这条肘形通道：九点吉丁的成虫是圆柱形的，身上有铠甲，无法弯曲，所以必须有一条圆柱形的通道。而九点吉丁的幼虫则胸部较宽，看上去像一条带子，它只能根据自己的身体挖出一条弯弯曲曲的扁平通道。为了确保成虫顺利地逃出来，吉丁幼虫便改变只挖弯弯曲曲扁平通道的做法，改为开凿出一条适合成虫爬行的笔直圆柱形的通道。由此可见，九点吉丁的幼虫与天牛的幼虫一样，都有未卜先知的能力，提前为成虫的顺利逃跑打点好了一切。

再简单说一下这个"肘形"。在垂直通道和水平通道之间，不是一个标准的直角，而是由一个很大的弧形连接起来，弯成肘状的"拐角"。之所以将拐角处理成这个样子，是为了确保吉丁成虫坚硬的外壳顺利地通过，不会被直角形的棱刮伤。这一点再次证明九点吉丁有未卜先知的能力。

挖好肘形通道之后，九点吉丁幼虫就原路返回洞里，用木屑做成一个窗帘挡住圆柱形通道，然后精心布置好卧室，头朝出口躺下，准备化蛹。

八点吉丁好像很喜欢松树，我在一些老松树的树桩里看到了很多八点吉丁的幼虫。松树的树干比较柔软，散发着树脂的香味，也许八点吉丁就喜欢这种味道，所以总是居住在树干深处吃这些肥美的食物。蛹期来临时，它便离开这些肥美的食物，往外挖洞，钻入坚硬的树根，挖一个2～3厘米左右的扁平橄榄形蛹室。蛹室的布置与其他吉丁类似，也用木屑做壁垒，用木纤维做成墙毯，这里不再赘述。

上面这三种吉丁，在蛹期来临的时候，都是从树干转向树表，在树表处做一个蛹室，方便成虫逃出。而另外两种吉丁，尼提杜拉吉丁和铜陵吉丁，却采取了相反的逃跑路线。

我再回过头来看天牛。松树桩中的天牛，在蛹期来临的时候，也会从树干内往外挖一些肘形通道；绿橡树中的绞天牛，我仍然看到了肘形通道；樱桃树上的热带天牛、英国山楂树上的蜂形天牛，仍然是肘形通道……

证据已经足够多了，每种昆虫都有自己独特的工作方式，都有自己独特的职业技巧。决定它们各自行为的，并不是单纯的劳动工具。

照顾母亲的孩子

吉丁和天牛的事例还让我得出另一个重要结论。

天牛科和吉丁科这些生活在树木之中的昆虫，为了使成虫顺利逃出囚笼，幼虫都会挖一些通道，成虫只要清除木屑障碍和捅破树皮就行了。幼虫和成虫这样的分工完全颠倒了监护人和被监护人的职责：还是孩子的幼虫承担了繁重的挖掘任务，羽化为成虫的母亲却只承担恋爱和生孩子的任务，孩子辛辛苦苦为母亲劳动，母亲却只懂得风月，孩子反而成了照顾母亲的监护人。

为什么一向辛苦操持家务的母亲变得不务正业、游手好闲了呢？这简直是昆虫界的耻辱。这里一定有什么不可告人的秘密。

我搜集了好几种钻木昆虫的蛹，将它们分别放在一个与它们的天然居室大小相同的玻璃管里。我先在玻璃管里面用一些粗糙的纸屑垫了一层，然后准备了各种各样的障碍物，有的是1厘米厚的软木塞，有的是因为腐烂而变软的杨木塞，还有的是质地良好的圆木片。到了羽化时期，好多种昆虫都能穿透我的障碍物，成功地逃出去。也有一些昆虫被我这些障碍给难住，活活地憋死了。但是无论哪种昆虫，都钻不透质地良好的圆木片，连身材健壮的神天牛也不例外。后来我又将这些蛹移到空心芦竹里做实验，它们依然没钻出来。

这个实验告诉我，天牛成虫的力量是比较弱小的，它没有高强的工作能力。相反，它的幼虫却强壮得多，也非常有耐心，既能钻透树皮，也能在质地良好的树干中自如地挖洞。

幼虫比母亲强的地方不仅仅在于体力和耐力，还在于它无与伦比的预见力。它还在幼虫阶段时就已经知道成虫的身体是圆柱形或橄榄形，于是就将逃跑通道挖成圆柱形或橄榄形。它知道成虫急于爬出树木获得自由，于是尽量将通道挖得短一些，让成虫少走几步路。而它自己呢，三年来仅在树干中挖一个扁扁的、刚好能容纳自己身体的通道，通道的走向也是弯弯曲曲的，很随意，想挖什么样子就挖什么样子。成虫却不喜欢待在树里，它急着出去，于是幼虫除了挖一个短通道，还体贴地将通道的拐角处处理成肘形。这是由于成虫在拐弯的时候容易擦伤身体，因此幼虫就在横向通道和纵向通道连接的地方挖了一个大大的弧形，让成虫走到这里的时候不用转弯就能通过。

啊！肘形！幼虫需要有什么样的智慧才能明白它挖这个通道的重要意义？拐角处的弧形是那么完美，真让我有用圆规测量一下的冲动。但是天牛和吉丁挖的肘形通道太小了、太短了，难以用圆规进行测量。我的研究暂时停滞不前。

弧形通道

　　一个偶然的机会，我看到一株死去的杨树，它的树干已经变得千疮百孔，不知被什么虫子给咬了。我将这颗杨树连根拔起，带回家里用锯子纵向锯开。这棵可怜的杨树，由于被一种杨树伞菌的真菌菌丝"欺负"，原本坚硬的树干已经变得松软。树干的内部充满了无数弯成肘形的通道，都是钻木虫啃咬过的痕迹。我在其中发现了被伞菌包裹的昆虫遗骨，通过遗骨我认出了这些通道的建设者——奥古尔树蜂。

　　树蜂挖的那些坑道看上去很漂亮，它们几乎都是笔直且相互平行的，以树干为中心发散开来，每条通道都通向树表的一个出口，看起来像个麦捆。只是这些通道不像麦捆那样只有一个末端，而是不同高度都有无数放射线一样的通道。我每刨去一层树干，都能看到很多这样的肘形通道。这颗杨树对我来说真是一笔财富，我相信这么多通道足能够让我找到问题的答案了。

　　成虫的生命很短暂，因此它应该是渴望快些得到自由的，想快些走出这个囚笼。既然如此，它怎么还有时间挖通道呢？它应该知道直线型通道是逃出去的最快方法，为什么还挖掘肘形通道呢？

　　在所有的路线中，直线是最短的，挖掘起来应该是最快的。可是最短的路线并不见得是最容易挖掘的路线，不同的树层硬度不同，阻力大小也不同，昆虫挖掘的难易程度也不一样。将这所有因素都考虑

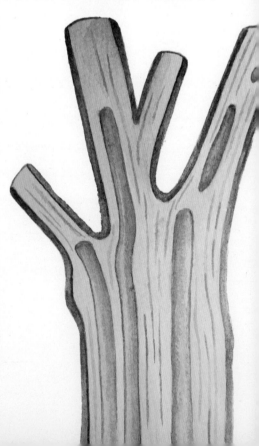

进去，是不是最省力的路线不再是直线，而是其他曲线了呢？

我曾想用微积分知识来研究不同深度、不同方向的阻力大小有什么不同，还没有计算出结果，便被一个无情的现实给打断了：昆虫不是数学家，它怎么会懂得计算呢？它的劳动量是由它身体的承受能力决定的，成虫的背上有坚硬的外壳，这是一个不能忽略的因素。

所以奥古尔树蜂成虫应该是这样逃出去的：它原本睡在垂直的长廊上，头朝上。为了尽快逃出去，它会在身体的前方挖一个很浅但宽度却足够容纳自己的小孔，这样它的身体就可以向外倾斜一下。然后，它开始挖第二个小孔，身体再向外倾斜一下。这样一点一点，一步一步，成虫的身体随着小孔的前进而不断地发生倾斜，像一根磁针一样慢慢调整方向，于是一个与身体宽窄程度差不多的弧形通道就慢慢挖出来了。由于树皮的方向是一直不变的，成虫知道这个方向，当它的身体彻底转过来之后，便直接直着走，前面挖的应该就是圆柱形通道了。

从几何学的角度看，奥古尔树蜂转弯轨道可以分成很多均匀的部分，每部分的弧度都是一样的（即它身体前移的幅度不变），切角线也因此是不变的，所以我们会看到一个标准的圆弧。

以上纯属我的个人推理，接下来我会判断这个推理是否正确。我选择了20几条长的而且可以用圆规测量的通道，找来一张白纸准确地描出每条通道的图样，然后用圆规描这个弧形，发现它正是一个圆周的其中一段，与我的推论刚好一致。

挖这样的弧形通道花费的力气是最少的吗？当然是的。昆虫向来都懂得最省力的原则。

天牛宴

为了给狂欢节划上一个完美的句号，我在封斋前的忏悔星期二这天举办了一个很特别的盛宴——天牛宴，顾名思义，以虫子天牛为主菜的盛宴。

在饭菜端上来之前，先为大家介绍介绍有口福享受此盛宴的食客。

除了我们全家六口人之外，贵客一共才两个人，因为在我们全村人中，恐怕只有这两个人敢品尝我精心准备的盛宴，其他人肯定会认为我有怪癖。

第一位贵客是一位小学教师，他叫朱利安。这是一个见多识广的人，学识广博，思想开放，不像一般的乡下人那般迂腐、保守。当听说我这顿天牛宴只请了两个朋友，他也很赞同，认为此事不便让别人知道，并保证自己绝不会将这件事讲出去。

另一位贵客是木匠马里尤斯，他是一位盲人，但却能在黑暗中熟练地做木工，他的作品跟我们这些视力好的人做出来的东西没什么区别。马里尤斯不是天生看不见，而是年轻的时候失明了。曾经色彩斑斓的美妙世界没有了，取而代之的是漫长的黑暗，这对任何人来说都是一个沉重的打击。所以刚开始失明时，马里尤斯实在无法接受这个残酷的现实，曾经堕落了好一阵子。可是当他想明白人生之后，就变得非常乐观和豁达了，整天笑呵呵的，我们这些经常为琐事烦恼的平常人，反不及他这么幸福。

马里尤斯有一个很美好的愿望，那就是多多地了解知识，尽量弥补自己只接受了初等教育的缺陷。所以我和朋友们聚会谈论种种科学知识的时候，他也总是来参加，用他那敏锐的听觉捕捉每一个知识点。大家说起某个东西的形状时，他就将手伸出来，摊开掌心，让我们在他的手心里画出这个东西的图形。有时候遇到一些难以解答的问题，我们还会边在他手心上画，边为他讲解。总之大家交流得很顺利，也很愉快。

朱利安和马里尤斯他们两个是我最要好的朋友，非常信任我。几乎每个星期天下午，不管外面的西北风刮得多么寒冷，他们都会来到我的家中，我们这"三人乡村学社"便在只有三根木柴的壁炉旁边长谈。我们亲密无间，无话不谈，谈哲学，谈道德，谈历史，谈考古，谈文学，从一个话题谈到另一个话题，随性而自然，不断交换着思想，充实着彼此的灵魂。封斋前忏悔星期二的这个天牛宴，就是我精心策划的美食和谈资。

说起"天牛宴"的由来，还要多谢罗马作家老普林尼，他在《博物志》上介绍，罗马帝国的人就曾提出吃虫子这个大胆的想法，我的灵感正来源于此。而且，天牛是害虫，我们享用天牛宴实际上是为民除害。

美味烧烤

　　天牛宴准备完毕，我是第一个品尝的，全家人在我的鼓动下，也勇敢地品尝起来。朱利安倒有些犹豫，可能他还记得刚才这些虫子在盘子里爬的模样，于是他拿了一串最小的啃起来。木匠马里尤斯最勇敢，因为他看不见虫子的样子，也不会觉得可怕或恶心，拿起一串就吃起来了，看起来很享受的样子。

　　看起来罗马人真的很会享受，天牛宴空前地成功。那些肥嫩的虫子，烤起来真的很鲜嫩，味道也很好，有点像香草味的烤杏仁。我们只是用了油和盐调味，除此之外没再用其他任何佐料，古罗马人用汤料特意烹调出来的天牛宴，不知道该有多美味，我真是羡慕他们的好口福。

　　不过味道鲜美的是肉，不是皮，天牛幼虫的皮太硬了，像羊皮纸一样。我把这些"羊皮纸"递给我家猫咪，没想到这个爱吃香肠皮的贪吃家伙，却

拒绝了天牛幼虫的皮。我又将它递给了我家的狗，它也拒绝享用。我才不相信它是怕硬呢，因为那么硬的骨头它都吞得下去。我猜它是闻到了天牛幼虫的味道，它从来没有见识过这个特殊的气味，因此对我好意的供给充满了警惕。也许它不敢轻易吃陌生的食物，就像乡下人看到奥朗日集市那些海胆、龙虾、贝类也不敢轻易食用一样。我的猫和狗，它们之所以拒绝享用天牛幼虫，就像普通人不敢做"第一个吃螃蟹的人"一样，必须看到别的猫狗吃了之后再慢慢学习，也许这样会好一些。

老普林尼虽然没有介绍烹调天牛幼虫的方法，但却告诉我们，可以先用面粉把天牛幼虫养肥，这样肉质会更鲜美。他在书中介绍，一个名叫伊尔皮努的人发明了一种饲养蜗牛的办法，受到大家的推崇。他的方法是这样的：先准备一个充满水的饲养池，防止蜗牛逃走，再在池子中放一些管子当作蜗牛居住的地方。做好这些准备，将蜗牛放入饲养池中，然后每天用面团和烧酒喂它们，过了一段日子，蜗牛就变得很肥大了。

　　我却不敢用面粉和烧酒饲养软体动物，因为我觉得这本书有些地方写得很夸张，我同样也不相信天牛幼虫吃了面粉会变得更肥大。不过为了这顿天牛宴，姑且一试。于是我将几只天牛幼虫放到一个充满面粉的广口瓶中饲养

了几天。原本我以为，这些只吃树木的小虫子在这些密实的面粉中会憋死，会饿死，没想到它们都活得好好的，还长胖了呢。它们就像在封闭的树干中一样，不停地挖地道，身后留下一团棕褐色的糊状物质。看来老普林尼讲得还是很有道理的。

蜕 变

　　现在我对天牛的研究到了蜕变的阶段，我很想亲眼看看这些肥胖的小虫子是怎样一点点变成身披盔甲的天牛的，于是将它们养在花盆里，平常就给一些它们最喜欢吃的树根碎块，然后又开始日复一日的观察。

　　到了七月份，我突然发现这些一贯懒洋洋的花盆居民中有一只突然变得像热锅上的蚂蚁，不停地转来转去。难道它吃饱了肚子在做体操吗？这只虫子做了一会儿体操，便用臀部将食物和排泄物扒拉到自己身边，压紧，然后粘起来。几天之后，天气变得非常炎热，这只幼虫就蜕皮了。由于蜕皮是在夜间进行的，我没有亲眼目睹这个过程，但是第二天一早，我就看到了它脱下的旧衣服，"拉链"从胸部一直拉到最后一个体节，很明显，幼虫是从背部的小裂缝里蜕出来的，除了这一处裂口，它的旧衣服几乎完好无损。

　　现在，幼虫已经蜕变成一只白白胖胖的蛹了，非常漂亮，比大理石和象牙还好看，身体如半透明的蜡烛。它的身材也很好，肢

体排列很对称，足稍稍弯起交叉在胸前，姿势端庄，恐怕最好的画师也没有更好的办法将它画得如此美丽。全身一个体节一个体节排列，像多节的长绳子，沿着身体的曲线自然下垂；鞘翅和后翅完美融合在一起，做成了一个天然的套子，接合在棒槌形的身体上；触角弯弯，像美女的睫毛，尖端贴在套子上；前胸略略向外扩展，如同修女的白帽子。

总之，这个蛹非常漂亮，堪称昆虫界的尤物。孩子们看到这个小东西之后，忍不住惊叹道："这真像一个披着面纱的仙女啊！"我相信喜欢装饰的艺术家们，如果看到这个"仙女"，也许会充满灵感。只是这个漂亮的蛹很胆小，稍微受惊便动来动去。

它变成蛹的第二天，身上便像笼了一层雾一样，朦朦胧胧的，开始羽化了。一直到七月下旬，整个羽化过程才结束。它圣洁的白色衣服现在变成了碎片，这是成虫不喜欢被这套紧身衣束缚的结果。脱掉破旧的白衣服，身穿铁红色和白色相间艳装的成虫出现了，不过很快它就变成了黑色，长成了一只真正的成虫。

打架的夫妻

大薄翅天牛的家族有什么逸闻趣事呢？

大薄翅天牛看起来并不是什么可爱的小精灵，然而它们也只是一脸严肃地散步而已，并没有我想象的那么惊险刺激。它们一会儿爬上网罩，一会儿爬上木渣堆，从来不碰葡萄、西瓜、梨块这些普通天牛爱吃的水果，也不吃我为它们换的其他食物。

长夜漫漫，为了防止它们寂寞，我还将雄天牛和雌天牛一对一对地养在一起。可是它们似乎很讨厌自己的情人，从来不交配。我乐此不疲地观察了一个月，也没见它们举行婚礼。唉，都怪雄天牛太不解风情了，我很少见它主动向美女献殷勤；雌天牛也太古板了，我也很少见它向情人抛媚眼。它们就像一对不和的夫妻，总是尽量回避对方，即使偶尔碰到一起了，也是不停地打架。我在五个网罩中安排了五对夫妻，结果都是这样，每一只大薄翅天牛对异性都很冷漠，好像很讨厌夫妻生活。更惨的是，我经常看到它们夫妻双方打得两败俱伤，一只断了腿，另一只伤了触角。

这是什么样的民族呀！两性之间既没有温情脉脉，也没有相敬如宾，夫妻一见面就是相互残杀。即使我看到它们在搂搂抱抱，那也不像爱人和情侣之间的爱抚，而是粗暴地抓住对方的身体，好像恨不得宰了对方一样。对大

多数动物来说，雄性为了得到雌性的青睐，不惜大打出手，只为听到姑娘两句柔情蜜语。但大薄翅天牛姑娘们，好像很命苦，异性不但不会为它争风吃醋，而且还会反过来殴打它。唉，我从来没见过这样血淋淋的婚礼，大薄翅天牛结婚后，我往往看到夫妻都被对方打成了残废。

它们的性情这么暴躁，难道是因为被我关起来太拥挤的缘故吗？可是我将12只其他天牛放在一个网罩里，它们不但不会因为拥挤而大打出手，邻里之间反而变得很亲密呢，我亲眼看到它们骑到同伴的背上，友好地舔舔。大薄翅天牛的习俗，真是令人称奇。

与大薄翅天牛有类似习俗的还有薄翅天牛，它们也喜欢野蛮地对待自己的伴侣。我曾捉了几只薄翅天牛，它们也会用自己的大剪刀和大颚上的铡刀对待爱人，如果不是我将它们一只只分开，我真担心丈夫会将妻子的大腿或触角割掉。它们也喜欢在夜间活动。天一黑，它们就不安地爬上网罩，彼此争吵、打架，毫不留情地用自己的大颚切割对方。

我实在无法理解这些不会献殷勤的家伙，就像我不能接受醉汉殴打妻子一样。我想它们之所以有这样的习俗，可能是因为光线。它们总是在夜间争吵、打架，白天则比较温和，这可能是因为阳光可以使人变得温和，黑夜容易产生罪恶。

小贴士：神秘的罗盘

你知道吗？树蜂像天牛一样，也知道出口方向，所以当它处于通道拐弯的时候，没有选择其他方向，而是直接奔着出口的方向，并且始终沿着这个方向不变，这也就促使弧形沿一个方向展开，而没有杂乱无章。

我曾看到这样一则关于树蜂的记录：装子弹的弹药箱都被树蜂钻破了。格勒诺希尔的弹药库中，树蜂为了逃走，竟然钻破铝质弹药箱，逃走了，因为它断定到达离自己最近的光明必须通过这个东西。

我猜，树蜂一定拥有这样一个辨认方向的罗盘，天牛也有，吉丁也有，因为它们要逃出来的时候都毋庸置疑选择了最省力的逃跑路线。它们的罗盘究竟是什么呢？我真的一点也不清楚，甚至不知道该用哪个感觉器官推测这个东西的存在。这就好像我们永远无法弄清楚别人此刻正在想什么一样，我也无法弄清楚昆虫在想什么，昆虫的王国对我来说根本就是一个未知世界。我只知道，暗房里特殊的视觉可记录下我们肉眼看不到的东西，它甚至能摘录下只有通过紫外线才能发现的东西；麦克风的薄膜能听到我们耳朵听不到的声音；精密的物理仪器；化学的化合物……这些都是我们人类感官所不能觉察的东西。我想，昆虫的生理结构应该也有与暗房、麦克风薄膜、物理仪器等类似的功能，其感知范围远超出我们人类。

我不断胡思乱想，猜测各种可能。

昆虫会不会根据树木的结构来断定逃跑的方向呢？这种结构可以让它们

明白什么是纵向，什么是横向。但这个答案也是很荒唐的，因为我在树桩中看到的事实告诉我，根据光线的远近距离，有的昆虫选择沿纵线向上挖掘，有的则选择横向挖掘。

指引它们逃跑的罗盘究竟是什么呢？是化学反应，是磁场效应，还是热场效应？这些也都不是。因为在竖立的树干中，有的昆虫挖掘通道向北，有的向南，方向都不固定，唯一相同的是，出口总是朝着离光线最近的地方。

是温度吗？也不是，因为尽管树阴下的温度较低一些，昆虫的出口也并不会更集中于朝向阳光一侧。

是声音吗？不是。树干是一个幽静的清修场所，没有什么声音。而且我曾以声音来干扰神天牛的幼虫，它根本就没有听力。

是重力作用吗？也不是，因为树干中的树蜂，即使头朝下爬行，出口方向仍然在最接近阳光那一侧。

到底是什么在指引它们？

不知道！

我只能说，是一种特殊的空间感受能力，无法用语言描述。

螳螂的野蛮与奇特

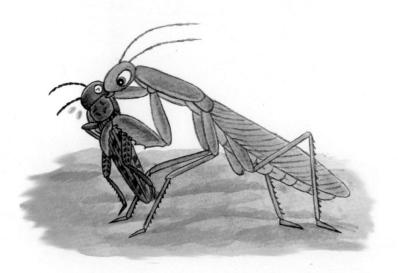

隐藏的罪恶

　　法国南部还有一种很出名的昆虫，但由于不会歌唱的原因，比蝉的名声要小一些。我相信如果上天赐给它一副歌喉，它肯定比蝉更深得人心，这种昆虫就是螳螂。

　　看啊！它庄严地半立着，宽大的绿色薄翼像长裙一样长长地拖曳在地，显得仪态万方。它的两只前足，就像人的双手伸手祷告一样伸向上天，它"祈祷"得多么虔诚啊！只要有这个姿势就够了，农夫们很容易因为它这样美妙的姿势去赞美它，并根据自己的想象对它进行美化。

有句名言说：不要相信自己的眼睛，因为眼睛看到的也不一定是事实的真相。这句话对"祈祷"螳螂来说，是最贴切不过的了。我忍不住对那些美化螳螂的人说："你们完全错了，你们不该为它虔诚的表象迷惑到这种程度！"

但螳螂的本性远不如我们想象得那么美好，实际上它是一个杀人不眨眼的恶魔，野蛮的吸血鬼，连自己丈夫都不放过的蛇蝎美人。人们无论如何也想不到，它竟然是直翅目食草昆虫的唯一例外，它专门吃活猎物的肉，蝗虫、蝈蝈儿、苍蝇、蜻蜓、蜜蜂等等，都是它的家常便饭。它那伸向上天的双臂，并不是为了虔诚地祈祷，而是迷惑猎物的杀"人"工具，任何从旁经过的猎物，都无法逃脱它的魔爪。

它那双杀"人"工具是那么厉害，我的手指也险些成为它的牺牲品。为了调查这个杀人不眨眼的家伙，我刚抓住它，手就被它足上的硬钩给钩住了。由于当时我手上还拿着其他东西，腾不出手来挣脱它的魔爪，只好请人帮我抓下来。可是它的钩子是那么顽固，无论如何都不肯拔出来，如果我硬要挣脱的话，手上肯定会留下一道道伤痕。所以我在这里提醒朋友们，你若想活捉它，手指不要太用力，否则它在盛怒之下一定会对你的手指展开疯狂的报复，无论如何也不肯松开那锋利的钩子，除非你把它掐死，自己将钩子取出来。但这样依然有难度，它放下钩子，又会用弯口划你，用钩尖戳你，用老虎钳一样的双臂夹你，总之令你无法招架。

人尚且难以对付它，更何况其他昆虫呢！所以它表面看来很虔诚，很温和，没有害人的意思，但只要有猎物从身边经过，它立刻放弃祈祷，露出凶恶的本相，毫不留情地张开捕捉猎物的足，将跗节的硬钩抛开，直接将猎物钩到双臂之间，然后胫节弯向腿节，像老虎钳一样将猎物加紧，低头，张开嘴……一切都结束了。猎物无论是拼命扭动还是乱踢乱抓，都没有意义了，很快它就成了螳螂的腹中餐。

这就是那个吃"人"巨妖捕食的大概经过，无论是大个儿的蝗虫、蝈蝈儿，还是苍蝇，遇到螳螂之后，都无法逃脱被吃的命运。

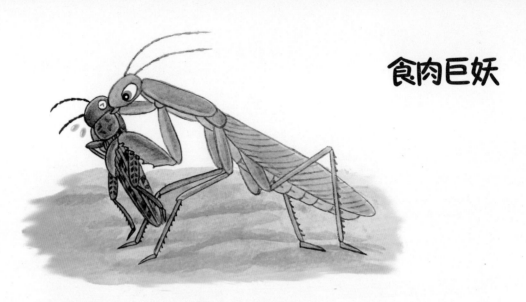

食肉巨妖

　　跟螳螂打了一段时间的交道，我彻底明白了什么是食肉妖。不对，是食肉巨妖。

　　我将螳螂关在金属钟形罩里面喂养，每天给它换上美味的食物。原本我以为螳螂很容易喂养，只要给它食物，再给它几丛草做装饰，它就很满意了。结果我发现它所要求的第一个条件我都很难满足，它的食量实在是太大了。每天我什么事都顾不上做，就要先记得给它换上新鲜的食物。可我给它们的大部分食物，它们只在最肥美的嫩肉上啃几口，剩下的就不吃了。但只吃几口它们又不饱，我只得再去找野味以应付它们的奢侈消费。好在附近有几个小孩子整天无所事事，我便以面包片和西瓜块儿作为奖励，哄他们帮我寻找猎物。这些小家伙很乐意做这件事，个个用芦苇编了一些小笼子，一天到晚在外面的草丛中寻找蝗虫和蝈蝈儿。我没事的时候也拿着网，到荒石园中为那些贪吃的螳螂寻找野味。

　　饲养螳螂，并不仅仅是将食物丢给它们，因为它们只肯吃活猎物，所以我还可以利用这个机会察看它们的勇气和胆量大到什么程度。灰蝗虫、白额螽斯、长鼻蝗虫、距螽、蜘蛛都是螳螂的野味，尽管它们看起来都比螳螂厉害得多：灰蝗虫的体型比螳螂大多了，白额螽斯粗壮有力的大颚甚至能咬伤我们的手指，距螽有一把散发寒光的大刀，圆网丝蛛的肚子有一枚硬币那么大，冠冕蛛有着令人胆战心寒的外貌。

尽管这些虫子有着看似凶猛的样貌或武器，但当我把它们放到金属网罩下时，螳螂还是毫不犹豫地向它们发起了疯狂的进攻。无论是面对大个子的蝗虫、蜻蜓，还是有着可怕毒针的蜜蜂，或者是其他中等个子的猎物，勇猛的猎手从不肯让自己的前足歇着。猎物迟早会被它勾住，被它的锯齿夹得无法动弹，然后被它津津有味地吃掉。进攻应该就是螳螂的本性，因为它们向来如此。即使不进攻，也是躲在草丛中准备发动进攻。我完全想象得出，它在更为自由的金属罩外时，该是多么猛烈地冲向猎物。

尽管螳螂的嘴巴看起来又小又尖，好像不懂得大吃大喝，但一块野味来临后，很快就被它吃得只剩下翅膀，连猎物的足、坚硬的外皮、翅膀下一点点肉都不会放过。在野外，螳螂几天都饥肠辘辘的情况下，它会将体型和它一样大，甚至比它还大的灰蝗虫全部吃掉，只留下干硬的翅膀。这么多食物，它只需要两个小时就能完全消化。我曾见过两只如此疯狂吃肉的螳螂。我无法想象，它那小小的胃怎么能装下这么多肉呢？容量必须小于容器这个公理，在它这里完全不起作用。

看啊！它吃得多开心，一把抓起蝗虫肥大的后腿，飞快地送到嘴边，津津有味地嚼着，脸上露出满意的神情。我们吃美食的时候，不也是这样一脸满足吗？大家都有享受美食的权利，我们不要指责它了，让它好好享受享受吧！

幽灵一样的打架姿势

一只大蝗虫冒冒失失地走近螳螂，上一刻还举手向苍天祈祷的螳螂突然痉挛似地跳起来，刹那间就摆好搏斗姿势，转变如此突然，恐怕电击也无法产生这样迅速的效果。原本我正心不在焉地观看它们，也被它突然而迅猛的动作给吓到了，那种感觉，好像眼前的盒子里突然弹出来一个可怕的魔鬼一样。

很快，螳螂就打开前翅，斜着甩向两侧，同时后翅像两个立起来的船帆那样完全展开，腹部向上卷成曲棍的样子，抬起又放下，猛然抖动，发出喘气似的声音，让人想起火鸡开屏。

再来一个远镜头，你会发现，螳螂现在正高傲地矗立在自己后面的四条腿上，长长的前胸昂首挺立，原来折叠在前做祈祷手势的前足现在已经完全打开，交叉呈十字形伸在胸前，露出腿根下的斑点，有点像孔雀尾巴上的斑点，只在打架的时候才露出来炫耀。

　　螳螂就保持着这个姿势一动不动，双眼盯着前方的蝗虫，蝗虫只要有所行动，它的头就跟着微微转动。这个姿势多么恐怖啊！蝗虫要是识趣的话，肯定被吓得乖乖后退了。

　　要摆出这个恐怖的姿势，翅膀发挥了很大作用。它的翅膀很宽，上面有很多脉络，展开之后就像一把打开的绿色扇子，腹部就在两翅之间突突地动，不停地摩擦翅脉，发出游蛇吐信子时才会有的声音。

雄螳螂需要翅膀来帮助飞跃，否则体型较小的它很难找到猎物。雌螳螂因为要生孩子的缘故，体型容易发胖，翅膀对它来说反而有些碍事。那么它为什么还要留着翅膀呢？为什么不退化掉呢？

实际上翅膀对它来说是必需的，因为它的食量大，需要捕捉很大的猎物，直接攻击有时候并没有把握。最好的做法就是在进攻之前，先借助翅膀摆一个令人闻风丧胆的姿势，使猎物先被自己的样子吓坏，抵抗能力降低，这样自己就能速战速决，尽快享受到美食。因此翅膀对雌螳螂来说，不是飞行工具，而是捕猎工具。雌灰螳螂的长翅膀之所以被退化得很小，是因为它吃的都是弱小的昆虫，如小飞虫、蝗虫的若虫等，捕捉时不需要恐吓也能很容易制服它们。

现在，看到这个像军旗一样威武的翅膀，蝗虫会被吓坏吗？不知道，至少我在它无动于衷的脸上什么也看不出来。但我想，受到威胁的蝗虫肯定知道前面是有危险的，前面站着一个举着铁钩的幽灵，这个铁钩会把它钩到铁钩主人的嘴下面，然后被这个幽灵吃掉。遇到这么个死神，快些逃命去吧，现在还来得及，只要你善于运用你那粗壮的大腿，就可以轻轻巧巧地蹦跳出几米远，从幽灵的魔爪下逃走。可是这个傻乎乎的家伙，不但没听从我对它善意的劝谏逃开，反而直勾勾地站在原地，甚至慢慢地靠近死神。

据说，小鸟遇到张开大嘴的蛇，会吓得目光呆滞，忘记逃走，结果被蛇吃掉。现在的蝗虫，就是那只注定被吃掉的小鸟，明明可以逃走，但却不逃，也许它被螳螂那慑人心魂的眼神给勾住了。呆在原地不动，这不等于自投罗网吗？螳螂的两个大弯钩很快就猛扑过来，将它钩到自己像锯子一样的双臂间，夹紧。这个吓昏了头脑的蝗虫这时候才想起反抗，它拼命地张开大颚乱咬，用后腿踢，但这时的反抗已经没有意义了。螳螂已经收起了翅膀，这是象征它胜利的军旗，它要开始享用美食了！

灰蝗虫和螽斯这样的猎物体型要大一些，螳螂在捕捉时还给个面子，摆一个这样幽灵一般的架势。如果遇到长鼻蝗虫和距螽这样体型相对小一些的猎物，螳螂连个姿势都不屑于摆，只要把大弯钩抛出去就行了。如果遇到蜘蛛，直接抓过来吃掉就行了，战斗根本用不了多少时间，也不必费心思摆Pose（姿势）。

由此可见，螳螂完全懂得什么时候该用什么样的武器，非常有智慧。

第三种捕猎方式

多次观察螳螂捕食，我发现一个现象：它都是先从颈部进攻猎物的。

将猎物钩到面前之后，螳螂就用一只前足将猎物拦腰钩住，然后用另一只足按住猎物的头，掰开后面的脖子之后，就将它那又尖又小的嘴凑上去，开始一口一口地啃咬。脖子被打开了缺口的猎物，无论起初挣扎得多么剧烈，也会慢慢变得平静下来，然后这个食肉巨妖就可以随心所欲地享用自己的美餐了。

第一口啃咬颈部这个习惯，让我想起蜘蛛。

六月份，我会经常在荒石园的薰衣草上面看到两种蟹蛛，一种是金钱蟹蛛，全身白得像缎子，只有足上有一圈圈红色、绿色的环；另一种是圆蟹蛛，全身黑得发亮，腹部有点缀着叶状斑点的红圈。这两种蜘蛛的共性是，像螃蟹一样横着走路，不会织网捕食，只会埋伏在花朵旁边，趁猎物不注意时突然扑过去。

蜜蜂就是这两种蜘蛛最喜欢的猎物。最初了解到这点时，我非常吃惊，因为蜜蜂比它们强壮得多，而且有一根能置人于死地的蜇针。而它们自己呢，不但身材矮小，而且全身皮肤都很娇嫩，很容易受伤，看起来很难逃脱蜇针的攻击。可自然界中以弱制强的例子太多了，我多次看到蜜蜂被它们咬住脖子，垂着足，吊着舌头，悲惨地死去，然后身体的液汁被它们吸干。

敌对的双方差距如此之大，强者最终却总是被弱者制服，弱小的蟹蛛肯

定用了某种高明的搏斗技巧，否则很难取得胜利。为了弄清这个问题，我很长时间都站在蟹蛛藏身的薰衣草旁边观察，为了引诱猎物出洞，我甚至在花上滴了几滴蜂蜜，然后捉了几只活蜜蜂放到这里，最后用一个网罩罩起来。

　　蜜蜂好像并不知道自己面临的危机，在网罩内飞来飞去，还不时地飞到花上喝几口蜂蜜。它喝花蜜的地方离蟹蛛不到半厘米远，它竟然没意识到危机就在眼前。蟹蛛一直在花蕊旁潜伏着，前面的四只足张得很开，稍微抬起，随时准备进攻。又一只蜜蜂飞来了，它猛然扑上去，用毒钩抓住了蜜蜂的翅尖，用前足勒紧蜜蜂。受到束缚的蜜蜂极力挣扎，挥舞着自己的毒针乱

刺乱扎。可是蟹蛛就在它的背上，螫针在腹部，无法伤害到敌人。蜜蜂挣扎了几秒钟之后，翅膀就从蟹蛛钩爪中逃脱出去。可是蜜蜂还没有解除危险，蟹蛛就猛然咬住它的脖子，被刺中要害的蜜蜂很快就死了，它就像猛然间被雷击了一样，只有跗节还能轻微地颤动，然后抽搐两下，就咽气了。蟹蛛一直还抓着蜜蜂的脖子，美美地吮吸它的体液。脖子上的液体被慢慢吸干之后，它才换个姿势，吸蜜蜂的腹部、前胸等部位，直到将蜜蜂的体液完全吸干为止，我曾见它一连吸了7个小时。

螳螂也是这样制服猎物的。它希望自己能太太平平地享用蝗虫或蝈蝈儿，不想它们的后腿再乱踢乱踩，否则很可能会踢破自己娇嫩的肚子！用自己的锯齿和大颚将猎物一块一块地分解掉，这不失为一个好方法，但这种方法太慢了，被疼痛折磨得抓狂的猎物肯定会不顾一切地挣扎，仍然很危险。所以最好的方法就是使猎物一击毙命。怎样才能做到这一点呢？螳螂似乎知道颈部的神经节直接控制着生命的活力，所以选择从后面进攻猎物，啃咬颈部的神经节。这样即使猎物不会马上死去，但却无力再挣扎，它再多咬几口，猎物就彻底失去反击能力了，再也不会乱踢乱蹬了，螳螂就可以放心享用美食了。

以前我知道狩猎昆虫的两种捕猎方式：麻醉猎物和杀害猎物。现在又多了一种，就是攻击猎物的脖子，让猎物失去反抗能力，然后再随心所欲地啃咬它们，擅长使用这种捕猎方式的昆虫，就是蟹蛛和螳螂。

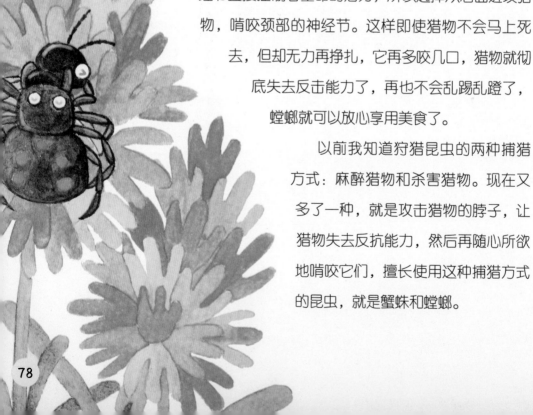

同性相食

　　说起螳螂的残暴，真是三天三夜也说不完，它的某些奇特习惯，真的可以用"极其凶残"来形容，如此残忍无道的性情，恐怕连声名狼藉的蜘蛛也不敢与它相媲美。

　　为了更好地观察螳螂的习性，也为了给桌子腾些地方，我在同一个网罩中放了好几只雌螳螂，多的时候甚至放了十几只。起初我没觉得有什么不妥，因为它们不太爱运动，身体又笨重，平常总是一动不动地待着消化食物或坐等猎物，所以我就认为大家这样挤着也没事。刚开始，它们的表现确实像我想象得那样，都在各自的势力范围内捕捉猎物，消化食物，彼此相安无事。可很快，它们暴劣的本性就暴露了出来。

　　随着时间的流逝，雌螳螂的肚子一天天地鼓起来，卵巢内的卵细胞日趋发育成熟，交配和产卵的日子很快就要到了，雌螳螂强烈的嫉妒心也开始苏醒了。尽管我没在金属罩里安排雄螳螂，它们根本没必要吃醋，但出于争夺异性的本能需求，雌螳螂们开始疯狂地互相残杀，那个只是用来威胁蝗虫、蝈蝈儿的幽灵姿势，现在被频频使用，目的就是为了对付自己的同伴。于是我天天都能观察到雌螳螂之间的肉搏战和胜利者享用美食的场面。

　　你看，两只雌螳螂不知怎么了，突然就摆出一副战斗的架势，它们的眼中都充满了挑衅和蔑视的神情，翅膀都在摩擦腹部，发出蛇吐信子的声音。如果它们不想打架的话，弯曲的足就会像书页一样张开，放到胸部保护自己。如果某只螳螂突然发难，松开自己的铁钩，击中对手，然后迅速撤退回来，重新做好防守。对方也会很快展开反击，也做好防守。这种架势，很像两只猫儿在打架，不疼不痒的。但是如果某只螳螂被打伤了，身体上留下绿色的血液，它会马上缴械投降，然后撤退，另一只螳螂也收起翅膀，平静地离开。但多数时候战争场面非常壮观，战败者只能绝望地摆出决斗的姿势，将双足举在空中，但它很快就将被胜利者的老虎钳夹住，从颈部开始被吃掉。

在我看来，这个胜利者虽胜犹耻，狼这么残暴的动物，尚且不会吃自己的同类，螳螂面对同伴的尸体，却毫不犹豫地低下头享用了，跟吃灰蝗虫、蝈蝈儿没什么区别。其他围观的螳螂不但没有反对，而且看那神情，好像很羡慕的样子，希望自己有朝一日也这样顺利地战胜其他螳螂，将同伴吃掉。

你想象一下，如果我们人类也吃自己的同伴，让人吃人这种惨剧发生，这不是一件很恐怖的事么？

总之，螳螂这种反常的行为每天都在发生，它们每天都能杀死并吃掉自己的同伴，看得我毛骨悚然。

惨无人道的爱情

　　既然同性相斥，雌螳螂容不下自己的闺房密友，那么就将它放到异性中吧，也许它对自己的丈夫会很友好——这真是一个美好的愿望，实际上丈夫的下场比闺中好友的下场还要惨！

　　我将一对一对的螳螂夫妻分别放到不同的罩子里，绝对不允许其他螳螂捣乱。为了防止饥饿的妻子发疯乱咬人，我特意为它们准备了很多很多食物，它们夫妻二人就这样过了一段衣食无忧、无人打扰的快乐日子。

　　八月末，雄螳螂认为时机成熟了，便勇敢地向雌螳螂发起爱情攻势。它侧着头，挺起胸，弯着脖子，露出一张多情的小脸，看样子对我安排的妻子满意极了，以至于它长时间一动不动地凝视着它。可雌螳螂看起来并没有什么表示，仍然无动于衷。不知道小个子雄螳螂怎么得到了美人的芳心，它突然就走向前去，展开翅膀，像发疯了一样颤动着，好像在进行最后的表白。然后它就扑到美人背上，用尽力气缠绕在上面，两虫就这样开始了盛大的结婚典礼。婚礼的时间很长，有时长达五六个小时。它们始终一动不动的，没什么看点，中途分开了一下，不过很快又缠绵起来。

　　婚礼当天，最多再等一天，原本幸福的新郎，还没来得及从幸福的婚姻中回味过来，就被强壮的新娘抓起脖子，一口一口地吃掉了，吃得只剩下翅膀——谁会在洞房花烛夜或者第二天就吃掉自己的丈夫！我不敢相信自己的眼睛，于是又在这个金属网罩里放了第二只雄螳螂。没想到这个蛇蝎美人很快就与第二只雄螳螂举行了盛大的婚礼，然后又在新婚之夜吃掉第二任丈夫，吃得有滋有味，好像在吃蝗虫和蝈蝈儿，而根本不是自己至亲至爱的人。无论我往这个金属网罩中放多少只雄螳螂，雌螳螂休息一段时间之后，都会接受小伙子求婚，然后举行完婚礼就把它吃掉。两周之内，我看到同一只雌螳螂一连吃掉了七只雄螳螂，它的七位丈夫。爱情的代价，就是生命的交换，雌螳螂是一只真正的蛇蝎美人。

最离奇的是，我曾看到一对螳螂夫妻正在举行婚礼，雄螳螂正沉浸在新婚的幸福之中，将妻子紧紧抱在怀里，可再往上一看，它已经没有脖子了，也没有胸了。雌螳螂转脸过来，简直吓死我了，它正有条不紊地啃咬丈夫剩下的肢体，那个被啃咬的丈夫竟然不知疼痛、不知反抗，依然牢牢地缠绕在妻子身上，享受爱情的甜蜜！我被这副场景震惊得回不过神来。

有人说过，爱情比生命更重要，我今天终于见到了。这个脑袋和胸部被吃掉的家伙，宁死也要享受爱情的甜蜜，除非你把它的生殖器官剪掉，否则它仍然坚持为美人的卵巢授精。

究竟是什么力量促使雌螳螂不顾及夫妻感情，在举行婚礼的同时就如此残酷地吃掉自己的情郎？我试图寻找原因。

我发现，天气非常热的时候，螳螂的情绪很激动，也很容易发情，雄性螳螂更容易被吃掉。我想，也许是因为金属罩把它们困得发疯了，所以才会做出这么不理智的事。如果是在野外的话，雄螳螂举行完婚礼之后，可以马上逃开妻子；而在金属罩内，它无法逃脱，它的个子又小，打不过妻子，所以只有面对被吃的命运。不过即使是十几只螳螂群居在一起时，大家也都吃得肥肥的待在一边晒太阳，看起来很悠闲，没有一点对居住环境不满的意思呀！可是一只雌螳螂竟然将正与她举行婚礼的情郎吃掉，这也太不符合情理了！

螳螂家族的其他成员，如灰螳螂也会残忍地吃掉自己的丈夫。由此可见，这样把雄性当猎物一样吃掉是螳螂家族中的一项习俗，是它们共有的习性。

绝妙的窝

螳螂的窝多建在朝阳的地方，石头块上，葡萄树根上，灌木枝上，砖块上，破布上，等等。不管什么东西，只要能将它的窝粘住，螳螂都可以在上面做窝。窝若固定在树枝上，底部便包裹住小枝，形状随着支撑物的起伏而变化；如果固定在一个平面上，底部便呈水平状，紧紧地和下面的平面贴在一起。总之，窝总是根据支撑物的形状而灵活变化。

螳螂窝的建筑材料像金黄色的泡沫，凝固成团，上面有规则的突起。窝可以明显地分成三个部分，其中一部分由一种像鳞片一样的东西组成，它们呈现双层排列，像屋顶彼此覆盖的瓦片一样；鳞片的边沿有两行缺口，小螳螂孵化的时候就从这里出来；除此之外的任何地方都是墙壁，无法钻透。

螳螂的卵在窝里堆积了好几层，每一层的卵，头都是朝向出口。到了孵化的时候，每只幼虫会根据最省力原则，一半从左边的门出来，一半从右边的门出来。

观察螳螂产卵让我发现了一件有趣的事：母螳螂是一边产卵一边建造巢穴的，它的身体会排泄出一种很黏的物质，将这种物质与空气混合，就可以产生泡沫。我看到雌螳螂用身体末端的小勺，像我们搅鸡蛋一样将黏性物质搅拌成泡沫。

刚开始时，泡沫还比较黏，可几分钟之后，它就凝固成固体了，卵就产在这些泡沫状凝固物中。每产一层卵，就覆盖一层这样的泡沫，泡沫很快就凝固，一个海绵状的窝就这样慢慢形成了。

窝的最外层，是一层像白石灰一样纯白无光且布满细密气孔的材料。这层材料也是螳螂排泄出来的物质，是它在搅拌时撇掉的浮皮干燥之后形成的。只是这层浮皮做成的涂层经过风吹雨打之后很容易脱落，露出小螳螂的出口。所以老窝一般找不到这层雪白涂层，因为它早已经被风雨侵蚀掉了。

你看，螳螂多么能干，竟然什么材料都不用，只用自己的排泄物，就建造出这么一个看起来像是由两种建筑材料组成的窝。

最令人称奇的还不止这些，螳螂竟然知道高深的物理学知识，它根据空气不导热的原理，为自己的窝选择了具有保温作用的材料。

物理学家拉姆夫特曾经做了一个实验，证明空气不传热。这个实验是这样的：将一块冰冻奶酪放到搅拌后的鸡蛋泡沫中，然后放到炉中加热，很快他就得到了一块泡沫状的蛋卷，但蛋卷中间的奶酪，仍然像开始时那样冰凉。蛋卷是泡沫状的，里面都是空气，由此证明空气是非常好的绝热材料，不传导热量。

螳螂就很好地利用了这个原理，将黏性物质搅拌成一个泡状的蛋卷，将卵产在蛋卷中间。只不过它的用意与拉姆夫特相反，不是隔热，而是隔绝外面的冷空气，让空气帮它保存好热的物体。

拉姆夫特之所以想起做这个实验，是前代物理学家积累的知识和理论让他萌发了这个念头。那么数世纪来，谁又启发了螳螂利用空气不传热的特点制造出这样一个保温的窝呢？

我只能说，本能的威力实在是太大了。

螳螂的二态现象

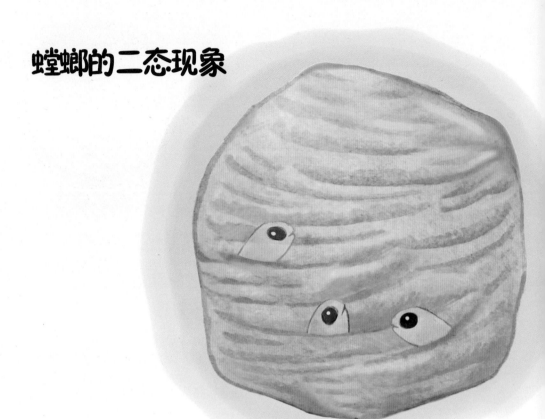

六月中旬，阳光灿烂，螳螂的卵开始孵化了。

出口区鳞片下面，每个鳞片下面都会慢慢钻出一个半透明的圆块，然后露出两个黑点，这就是幼虫的眼睛了。幼虫在鳞片下慢慢滑动，身体的一半已经解脱。它的头呈乳色的圆肿状，不停地颤动，身体的其他部分为淡黄色，略带一点红色。在裹着身体的薄膜下面，清楚地露出口器、前足及被膜层覆盖的大黑眼睛。除去前足，它那圆钝的脑袋，纤细的腹部体节，像船一样的身体，整体看来就像一条微型的无鳍鱼，跟蝉刚从卵中出来时一样。

这个新孵化出来的幼虫，并不是若虫，而是初龄幼虫。根据昆虫界二态现象，初龄幼虫担当穿越种种困难到达出口的任务，最终将若虫带到它应该去的地方。如果螳螂从卵中孵化出来之后就是若虫的样子，那么它纤细的身体会找不到可容纳的空间，弯曲的足、用来杀戮的弯钩、纤细的触角，在走出巢时统统成了碍事的物件，使它很难从巢中解脱出来。于是它也效仿蝉的解脱方式，一生下来也包着一层壳，像一艘小船一样溜出去。蝉的幼虫最开始像一个光滑的楔形体，方便它从前面挡道的兄弟姐妹中钻过去。

我这里就不再重复螳螂卵逃生的过程，只告诉大家一点，昆虫界应该还有像蝉和螳螂一样的昆虫，如果幼虫在出生之后不得不面对出巢等种种困难，那么卵孵化之后就不是若虫，而是有一个中间过渡状态，帮助它逃出某个关口，然后才变成若虫。我把这个过渡状态称为初龄幼虫。这也就是我总结的昆虫"二态"现象。

回过头来再看螳螂的卵。它们已经从鳞片下出来一半了，它不停地在那里摇头，每摇一次，它的头部就胀大一些，最后，前胸拱起，头向胸部弯曲，前胸的膜裂开，然后小家伙不断地拉长、扭动、摇摆、弯曲、伸直自己的身体，它的足便解放出来，触角也慢慢出来了，全身再摇动几下，旧衣服就可以完全脱掉了，真正的若虫出现了。

灰螳螂也有这样的二态现象，初龄幼虫也是在出口处脱掉旧衣裳，请出若虫的。

螳螂的卵是一群一群陆陆续续孵化的，这种孵化方式，真是太壮观了，有时候整个出口区都被密密麻麻的小生命占据了。你能想象这样一个画面吗：一个小家伙刚在鳞片下露出两只黑眼睛，很快就有很多露着两只眼睛的小家伙出现在眼前；一只幼虫开始摇动自己的头，很快摇头风就像会传染一样，其他幼虫也很快开始摇头，这一片幼虫就迅速转化为若虫，顷刻间窝的中部就挤满了小螳螂，大家乱哄哄地爬着，试图挣脱身上的旧外套。不到20分钟，整个螳螂巢就安静了，刚刚新孵化的幼虫都变成了若虫，爬到附近的草地上。几天之后，又有一批卵孵化了，同样的事还会再上演一遍，一直到巢中所有的卵都孵化。

无法抗拒的灾难

冬日清闲的时候，我搜集了很多螳螂窝，然后把它们放在太阳底下，气温回升之后它们就孵化了，因此我有幸看到很多次卵的孵化，但也看到很多杀戮。

卵的数量越多，说明它面临的危险也越大。螳螂一生可以产几千枚卵，这就预示着它的卵要面临很多致命的危险。根据我的观察，最大的危险来自于蚂蚁。

蚂蚁是螳螂最大的天敌，每天我都会在螳螂巢上发现很多这样可恶的入侵者。我试图将它们赶走，但是没用，它们很快就会聚涌过来，让我束手无策。它们感兴趣的不是巢里面的卵，因为它们没办法打开巢的缺口，所以它们干脆守在出口旁边，对这里摇头晃脑准备脱掉旧衣服的小螳螂伸出魔爪。尽管我每天都监视着出口的一举一动，防止螳螂的家族遭受灭顶之灾，可是小螳螂只要一出现，蚂蚁们就会马上跑过来，七手八脚地抓住小螳螂的肚子，将它拉出旧衣服，然后毫不客气地对准它娇嫩的肌肉下口，很快将它咬成碎片。螳螂这个敢于搏杀大蝗虫的家族，面对这群小小的强盗，却无力招架，只能乱踢乱蹬地挣扎，不想被蚂蚁吃掉。可现在的小螳螂是那么弱小，根本不是蚂蚁的对手，只能眼看着它们狞笑着吃掉自己的兄弟姐妹，然后自己也死在它们的魔爪之下。几分钟的工夫，这批刚孵化的小螳螂就全部成了蚂蚁们的腹中餐，也许只有那么几个没被发现的幸运儿，侥幸躲过了这场灾难。

不过留给蚂蚁的屠杀时间很短，只要小螳螂在空气中待一会，身体就会变得强壮起来，蚂蚁们就不敢再欺负它。当它从蚂蚁队列中穿过的时候，蚂蚁们竟然还谦卑地为它让路，好像很怕它那锋利的前腿似的。

另一个残害螳螂家族的，是喜欢在墙壁上爬行的小灰蜥蜴。它的屠杀行动虽然不像蚂蚁那样会为螳螂的家族带来灭顶之灾，但它那小小的舌尖只要舐一下，就能将侥幸逃脱的小螳螂吃进口中。我清清楚楚地看到，它在吃小螳螂的时候眨了一下眼，好像食物非常美味，它非常享受、很满足的样子。我将这个胆敢在我面前行凶的蜥蜴赶走，可它很快就回来了。螳螂可是益虫

啊，我绝不允许它这么放肆。它再次回来之后，我就将它杀死了。

螳螂母亲产那么多卵，似乎就是为一群天敌准备的，寄生蜂也是毁坏螳螂卵的重要凶手。这种蜂个子很小，长着钻孔器，它会像褶翅小蜂一样，通过产卵管将自己的孩子安置在螳螂巢中，让自己的孩子以螳螂卵为食，专门吸食里面美味的汁液，最后只留下一个空壳。我搜集了很多这样的被寄生蜂搞过破坏的螳螂巢，里面差不多都已经空了，螳螂卵已经被吸食完了。

除了蚂蚁、小灰蜥蜴和寄生蜂，应该还有很多侵略者会来螳螂的家中搞破坏，我实在无法做好全面的预防，只能将那些侥幸逃脱杀戮的小螳螂收集起来，好好饲养。

若虫出现后，一天之内，就变成了浅褐色，它们已经长大成熟，会灵活地打开或关闭自己锋利的前足，会左右转动自己的头，动作非常灵活，似乎已经可以担当打猎的重任。它们在窝边推推搡搡一会儿，就散开来到地面，到附近的植物上去了。

我想将它们喂得肥肥胖胖的，可是却不知道它们想吃什么食物。我为它们逮来绿蚜虫，可它们对于这种肥嘟嘟的虫子一点都不感兴趣，以绝食抗议。我喂它们小飞蝇，仍

91

旧被拒绝了。我又给它们蝗虫，这可是成年螳螂最爱的美食了，可仍然被拒绝了。我又为它们带来刚孵出的小蝗虫，它们不但不肯吃，反而吓得逃走了。难道你们喜欢吃植物？我先后为它们提供了莴苣的叶子、百里香花蕊的蜂蜜及其他我能想到的各种草木，但都遭到了拒绝，它们最后饿死了，我的饲养失败了。

这让我想到西芫菁。西芫菁在吃完储存的蜂蜜之前，还会吃蜂类的卵，蜂卵就是过渡食物，它们虚弱的胃刚好能够承受。小螳螂是不是在吃蝗虫之前也需要一种过渡食物呢？这种食物是什么？我不清楚。

被饿死是螳螂幼虫的又一场灾难。

生命是一个圆

　　纵使一只螳螂一生能产下数千枚卵，但经过蚂蚁、蜥蜴、寄生蜂的破坏，存活下来的也很少了，也许只有一对甚至一只侥幸逃脱。这么小的存活概率是可能的，否则地球上早就被螳螂覆盖了。于是又出现了一个新的问题：既然卵被大量摧毁，为了保证更多的孩子存活，螳螂的生殖能力会不会逐渐提高呢？今天能产1000枚卵是不是已经提高过的水平了呢？有的人对这些问题持肯定回答，认为动物身上的一切变化都是环境引起的，但我却不这么认为。

　　我窗前的池塘边长了一颗樱桃树，已经好多年了，所以树枝特别粗大，细枝非常多，每年樱桃成熟的时候，这里便成了鸟儿的乐园。最先来的是麻雀，它们总是成群成群地飞来，叽叽喳喳地啄樱桃吃。接着来的是翠雀和莺，它们可以一连几周停在樱桃树上享受美餐。蝶蛾也来了，它们从一个樱桃枝上飞到另一个樱桃枝上，一边享受樱桃的甘美，一边跳舞，小日子过得惬意极了。花金龟也来了，它毫不客气地坐在樱桃树上大口大口地啃咬，吃饱了就睡，睡醒了接着吃。胡蜂、黄边胡蜂也飞来了，它们直接咬破果皮，大口大口地吮吸那甜甜的汁囊。小飞虫也来了，苍蝇也来了……整个树上的樱桃不是被它们吃掉，就是被它们草草地咬几口抛弃，被伤害的果子过几天就会掉落，蚂蚁、鼻涕虫又匆匆赶来，将别人吃剩的果实运回到洞里，或者直接啃咬别人吃剩下的，只留下一个个樱桃核。到了夜里，田鼠又出来活动了，它把地上所有的樱桃核全部收集起来，藏到洞里，到了冬天，在核上钻一个洞，开始吃里面的果仁。

　　慷慨的樱桃树养活了多少生命啊，这与螳螂产下数千枚卵养活蚂蚁、蜥

蜴、寄生蜂们有什么不同？如果将来这颗樱桃树要传宗接代，那么它只需一粒种子就足够了，可每年它结了多少果实、产下多少种子啊！难道它也与螳螂一样，一开始只能结很少的果实，但为了养活麻雀、蝶蛾、胡蜂、飞虫、田鼠等这些数不清的侵略者，所以努力多结果、多产种子吗？真的是因为大量的破坏所以它才大量的生产吗？外界环境真会让它改变繁殖的习惯吗？恐怕谁也不敢下这样的结论吧！

　　樱桃树结樱桃，如果主要目的是传宗接代，那么大部分的樱桃种子都要发芽，都要茁壮成长，恐怕地球早已经被樱桃树给覆盖了。所以传宗接代是它结果实的次要原因，它的最主要使命是为其他生命提供食物。

　　高等生物的存活，离不开许许多多的食物加工作坊，每个作坊也许很小，但却能提供生命活动必不可少的物质。如麻雀要想成活，必须每天摄入一定量的糖、蛋白质、脂肪酸、维生素等，它可以从樱桃中获得这些养分，而樱桃又可以从泥土中获得，人体的营养元素也是这样一步步从植物或动物中获得的。而植物是所有生命所必不可少的成分，它是生命的第一个食品供应者——动物以植物为食，高等动物以植物和其他动物为食。

　　昆虫的力量尽管很微小，但也一直为更高一级的生物做贡献。草坪绿了，养活了蝗虫；蝗虫肥了，养活了螳螂。螳螂吃掉蝗虫肉之后，卵巢慢慢变得鼓胀起来，于是它就产下很多很多卵，慷慨地分给蚂蚁、蜥蜴和寄生蜂。小蚂蚁还没孵化，就成了鸡的美食。鸡长壮了，成了人们的菜肴。说得更远一些，鸡肉在人的肠胃中消化之后，成了粪便，又为圣甲虫提供了美味佳肴。圣甲虫分解粪便，使土壤变得肥沃，于是草坪又绿了。

　　每种生物都通过自己的方式将自身的能量一级一级往上传，不断注入高等生物的血液，它们的死亡，是为了成全另一个生命。每种生物都在为更高一级的生命提供食物，都在为高级生物做贡献。生命就是一个圆，死亡是为了生存，结束是为了新的开始。

奇怪的造型

　　椎头螳螂是普罗旺斯地区长相最奇怪的陆地动物了，奇怪得令人不敢轻易靠近。每年从五月份到秋天，你都可以看见它们那诡异的身影：往上翘的腹部，都快要翘到背上了，它展开的时候，看起来像把抹刀，卷起来的时候又像一根曲棍。腹面上有尖尖的小薄片，排成三排，像叶片一样展开。腹部向上翘的时候，叶片就翻到背上。卷起来时，曲棍一样的腹部则竖立在四根细长的腿上。腿也很奇怪，又细又长，中间还拐个弯，看起来就像一条板凳的四条腿，腿节和胫节的连接处，长着一块像镰刀一样弯弯的薄片。紧连着板凳底座的是它的前胸，前胸长得出奇，像长颈鹿一样，垂直竖立在四脚板凳上。前胸的顶端，是它专门用于捕食猎物的前足，上面长着尖利的铁钩，侧面长着锯齿一样的捕捉工具。用放大镜观察，腿节的钳口处还长着二十几根尖刺，相信任何昆虫从这里经过时，皮肤都会被它们划破。再往上，是它更奇怪的头，尖尖的小脸，像铁钩一样翘起的触角，大大的双眼之间竟然长着一把匕首！真是满身的凶器啊！相信最厉害的魔术家也不能在头上变出这么一个奇怪的玩意儿。

　　总之你看到这种昆虫，脑海里只有一个想法：它长得实在是太怪异了，恐怕想象力最丰富的画家卡罗也画不出这么奇怪的东西。假如你在草丛中看到它，也许会发现它正以狡黠的眼神看着你，当你

打算捉它的时候，它已经逃得无影无踪了。不过只要你仔细寻找一下就会发现，它逃得并不远，很容易被抓住，我就这样抓了好多只椎头螳螂。

想起喂养螳螂的经历，我就捉一些蝗虫来喂它们，可椎头螳螂并不喜欢吃，相反看到蝗虫怕得要命。如果哪只蝗虫大胆地靠近它们，它们就用头顶的匕首，像山羊顶人那样将蝗虫赶走。后来我又喂它们苍蝇，这次它们接受了我的食物，不过胃口很小，一天才吃一只苍蝇。随着秋冬的到来，椎头螳螂的食量也越来越小，反正苍蝇也更难捕捉了，我索性不再喂它们，它们就像冬眠的动物一样，差不多绝食了一个冬天。来年春天，它们才重新有了食欲，这时候苍蝇比较难找，我就喂它们吃蚤斯、蝴蝶。它在进食的时候，我发现它与其他螳螂一样，也是先咬猎物的脖子，将猎物咬死后再一点一点吃其他地方的嫩肉。

至于其他生活习性，大部分与其他螳螂相似，只有个别地方不太一样，所以人们经常搞不清谁是椎头螳螂，谁是"祈祷"螳螂。不过我发现了它们之间有一个很大区别："祈祷"螳螂看似温柔，实则是一个凶残的连自己的同伴或丈夫都吃的食肉巨妖；椎头螳螂看似暴烈，实则性情温和，不会吃自己的同伴，更不会吃自己的丈夫，而且食量很小。

它们身体结构相似，为什么一个总是大吃大喝，好像永远吃不够，而另一个却温柔恬静，朴实有礼呢？这又让我想起采脂蜂和黄斑蜂，想起昆虫界的另一个公理：生理结构的相同或相异并不决定昆虫的习性和才能，还有很多其他自然法则在指挥本能的运作。

奇特的休息方式

　　关于椎头螳螂，有一个现象值得注意：自始至终，椎头螳螂在金属网罩里的休息方式都没变过，一直是后面四只腿的爪尖勾住网纱，背朝下，一动不动地盘踞在笼顶。需要移动的时候，它就打开两只前足，伸长抓住一个网眼，再把自己的身体拉过去，然后重新将前足折回到胸前，继续背朝下保持着倒挂的姿势。这个姿势它保持了十几个月，除了移动和捕捉猎物，从来没有变过。

　　苍蝇也会经常这样倒挂在天花板上，只

是它除了倒挂，还时常飞一飞，肚子贴着地走一走，倒挂时间是非常短的，远不像椎头螳螂，无论是进食、睡觉、蜕皮、交配、产卵，都保持着这样倒挂的姿势。它爬上网罩的时候，还是一只若虫，它掉下来的时候，已经上了年纪死去了——谁会坚持一生只用一种姿势！

椎头螳螂这种爱好让我想起蝙蝠。蝙蝠是也用后足抓住洞顶，头朝下，保持着倒挂的姿势。但是鸟的脚趾比较奇怪，抓得比较牢，鸟儿即使用一只脚抓着晃动的树枝也没事。可是椎头螳螂没有这样的脚趾，只有一个普通的小足，上面有两个跗节，跗节上有一个像秤钩一样的抓钩。我呼吁解剖学家来关注一下这件事，仔细研究一下这样的足为什么可以使椎头螳螂那么牢固地保持倒立姿势。

这件事让我想起"昆虫们是怎样休息的"这样一个话题。

八月末，荒石园中多了一些有红色后足的砂泥蜂，它们总是在薰衣草旁边休息。黄昏的时候，我过来察看，发现它们正用一个非常奇怪的姿势睡觉。它张大口，把薰衣草的草秆咬在嘴里，将足折叠起来，身体直挺挺地伸在半空中，让身体跟薰衣草草秆呈现一个直角，全身的重量就靠嘴巴这个唯一的支撑点支撑。这样依靠大颚咬着草秆而睡觉，也只有昆虫们才会想出这样的办法，这完全改变了我对休息的概念。就算大风吹、大雨猛下，那又有什么关系，只要它牢牢咬紧草秆，吊床也只是晃一晃而已，它可以暂时伸出前足，抓住摇晃的枝干，一点也不用担心从"床"上掉下去。一旦风平浪静，它依然可以选择自己喜欢的睡觉方式，用嘴咬住草秆，让身体与草秆保持垂直。它的大颚咬得是如此牢固，就像鸟儿的脚趾紧紧抓住树枝一样，吊床摇晃得越厉害，它抓得就越牢固。

这种奇特的睡觉方式并不是砂泥蜂独创的，黄斑蜂、螺蠃、长须蜂、雄蜜蜂等昆虫也采取了这样的休息方式，用嘴咬住一根植物的茎秆，蜷起足，伸直身体。如果它的身体稍微胖一些，它的腹部末端就靠在茎秆上，身体不再与茎秆垂直，而是弯曲成弓状。

研究这些膜翅目昆虫的睡觉方式，并没让我发现椎头螳螂喜欢倒挂的原因，反而又冒出来一个新问题：动物的身体器官，到底哪个是用来休息的？哪个是用来工作的？椎头螳螂不知疲倦地倒挂了十几个月，砂泥蜂用嘴咬了几个月的草秆。它们这些奇怪的嗜好把我给弄糊涂了，到底什么才是休息呢？

除非生命结束，生命进入长眠状态，否则根本就不会有真正的休息，因为生存斗争从来都没有停止过。即使是休息，也总有某个器官在运作，这一点跟工作时没什么区别，只是运作的器官不同而已。

小贴士："梯格诺"

你知道什么是"梯格诺"吗？

见过螳螂窝的人，肯定会为它奇特的外观所吸引，普罗旺斯的农民就被这个古怪的玩意儿给吸引了，而且为它取了一个很别致的名字——梯格诺。这个名字在乡下可是响当当的，几乎没有人不知道它，因为它常被用于治疗冻疮和牙痛。只不过大家只知道它是药材，却不知道它就是"祈祷"螳螂的窝，这可能是因为螳螂总在夜间产卵的缘故，我也是特意去观察才知道螳螂与梯格诺之间的联系。

作为治疗冻疮的良药，梯格诺在普罗旺斯的乡间非常著名。在使用的时候，只需将梯格诺劈开，再挤压，将挤出的汁液涂抹在长冻疮的地方就可以了。据说这个法子治疗冻疮特别灵验，无论你的手指冻得多么肿胀，多么痒，经常涂抹就能减轻症状。

梯格诺真的像传说中的那么灵验吗？1895年的冬天特别寒冷，而且冰冻时

间很长，我和家人的手指都冻了，又肿又痒。根据农民朋友们的建议，我捏碎了几个梯格诺，反复用里面的汁液涂抹长冻疮的地方。可药效并不像传说中的那么好，我们全家人没有谁觉得肿胀感消失了，也没有谁觉得不那么痒了，传说中的奇方妙药，在我和家人身上根本不起一点作用，其他人用了，效果也是这样的吧！

尽管如此，在普罗旺斯乡下，梯格诺仍然被当作治疗冻疮的灵丹妙药而广泛流传。我想这里面应该有什么误会吧，因为在普罗旺斯土话中，冻疮就被称作"梯格诺"，既然两者的名字一样，梯格诺不就与冻疮扯上关系了吗？前者自然就成了治疗后者的灵丹妙药，梯格诺的好名声就是这样来的。

在我们的乡村及附近的几个乡村中，梯格诺还是治疗牙痛的灵丹妙药，据说只要随时把它带在身上，就能缓解牙痛。村里的妇女知道梯格诺是螳螂的窝，所以会在月光皎洁的夜晚，趁螳螂产卵的时候搜集一些螳螂窝，然后虔诚地把它们藏到自己的衣柜里或是缝到衣兜里，总之储藏得非常严密。如果亲戚朋友中谁的牙痛了，就会对那些妇女说："我牙痛得要命，将您珍藏的'梯格诺'借给我好吗？"于是那慷慨的女士就拆开衣服的缝线，将珍藏的宝贝递过去，嘴里面还叮嘱道："可别弄丢了啊！这可是我费了好大力气才找到的，以后再也没有那么好的月光了。"

　　我不会嘲笑她们将螳螂窝当作治牙痛的良药，因为很多列在我们的报纸重要位置上的医药同样也没什么疗效。况且这些淳朴的乡下人所犯的天真的错误，与那些古老的"科学"书籍中的错误相比简直微不足道。英国博物学家托马斯·穆菲曾在书本中讲了这样一个故事：一个孩子迷路了，向螳螂问路，螳螂伸出爪子，指出正确的方向。作者还在书中说："螳螂的判断力是如此准确，从来没有弄错过，也从不骗人。"作者是根据什么想出这么一个故事的呢？没有任何根据。跟梯格诺的药效一样，都是无稽之谈。

隧 蜂

隧蜂镇的和谐生活

　　很多人可能没听说过隧蜂，那也没关系，我可以负责任地告诉你，它的相貌与蜜蜂一样，不同的是它腹部的最后体节上有一条光滑发亮的线。虽然隧蜂同蜜蜂一样也是靠采蜜为生，但它却有一些很特别的生活习惯。

　　为了方便以后叙事，我先为大家介绍一下隧蜂的日常生活。

隧蜂，顾名思义，会做隧道的蜂儿，它是一个挖掘工。隧蜂的隧道建在结实的泥土下面，如荒石园里的小路，这里土质坚硬，可有效预防坍塌。每年四月份，成群的隧蜂就聚集在一起建造隧道。大家共用一条隧道，各自的房间就在通道两边，这里构成了一个巨大的地下小镇。只是小镇上的居民各住各家，谁也不侵犯谁，绝对不可能出现邻居互相探访的情况，否则主人会立刻拔出自己的毒针将对方赶跑——大家居住在一起只是图个热闹，干活的时候更有动力一些，而不是为了邻里之间互帮互助。聚集在一起的所有隧蜂都知道这个规则，所以大家都严格遵守"镇规""村规"，谁也不会主动骚扰邻居，小镇因此看起来也很和谐。

它们在地下劳动，我们不容易看到工程的进展，不过只要一看到一堆堆用土堆积出来的小山，就可以推测隧蜂正在下面劳动。为了防止家人误踩了隧蜂的地下城堡，我用芦竹围了一个小栅栏，将隧蜂镇给圈了进来，然后在中间放一块小木桩，上面贴着一个警告的小纸条。路过荒石园的家人看到我的警告标志，便不再从那里过。

五月到了，百花盛开，一直在地下忙碌的隧蜂们似乎闻到了花香，纷纷放下挖掘工具，飞到上面采集花蜜。我无数次看到，勤劳的采蜜工带着浑身花粉出现在小土堆上，这说明它又满载而归了。

我小心翼翼地用一把铲子挖开了隧蜂的地下城镇。首先看到的是一个垂直于地面的井，井深30厘米左右，这可以算作隧蜂的前庭了。前庭有些粗糙，弯弯曲曲，隧蜂上下时可以随时找到垫脚的地方。蜂房是一些椭圆形的洞穴，有2厘米左右，它们在井底部层叠着。与前庭的粗糙完全不同，蜂房内部墙壁非常光滑，这是隧蜂母亲用舌头和唾液细心粉刷过的，有防水功效，恐怕我们最优秀的粉刷工也无法完成这样的作品。

　　这样完美的作品，恐怕不是被日益成熟的卵催着建出来的，而是隧蜂母亲在三月、四月这两个花儿睡觉的日子，闲着无事，花费了长达两个月的时间建造的一座好房子。因此隧蜂的产卵方式也不同于大多数昆虫那种边造房子边产卵的做法，我看到很多蜂房已经竣工了，但里面并没有卵居住。

那么到了采蜜的季节，满载而归的隧蜂，能认出哪个才是自己的房子吗？地面上的小土堆一个挨一个，看起来没什么区别。也许它也会被这些小土堆弄得眼花缭乱，最后迷路吧！因为我看到它飞得摇摇摆摆的，似乎在犹豫不决。

最后，它终于找到自己的家了，猛地俯冲下去。来到家门口之后，它后退着钻进蜂房，将身上的花粉刷下来，然后再转过身来，将嘴里的蜜囊吐出来，再将花粉和蜜囊和一和，为孩子做好"面包"。直到它认为"面包"够孩子吃了，才产下卵。不过每个蜂房都通向公共隧道，所以母亲随时可以重新回来看望孩子，为它补充花粉和蜜囊。幼虫在母亲的照顾下发育得很好，该准备化蛹了。只有到了这时候，母亲才细心地制作一个泥土封盖，将蜂房彻底封锁，从此它就不再为这个孩子操心了。

小·偷·小·飞·蝇

如果不出任何意外，隧蜂卵在蜂房里吃吃喝喝两个月，就能跟自己的母亲出去到百花中嬉戏了。然而世上没有永远的和谐，小飞蝇的到来为隧蜂镇的美好生活笼罩上了一层阴影。

每天上午十点左右，是隧蜂镇居民最忙碌的时刻，忙于采蜜的隧蜂不断在入口进进出出。在这个繁忙的工地上，一个陌生的身影闯入我的视线，它身长5毫米，眼睛暗红，尾部长着黑斑，黑斑上长着毛，其余部分不是灰黑就是苍白，一看就不像个"好人"——它接下来的举动也正说明了这一点。

我看到这种小飞蝇总是躲在隧蜂窝旁边，一看到隧蜂采蜜回来，就赶紧跑出来，紧紧跟在主人的屁股后面。隧蜂摇摇摆摆地飞行，似乎在辨认哪个才是自己的家，小飞蝇也摇摇晃晃地跟着它。隧蜂猛地俯冲到家里，它也同样俯冲着跟着进去，隧蜂进洞了，它却趴在洞口偷窥着。隧蜂放完花粉和蜂蜜就出来了，在洞口与小飞蝇相遇。可是它们两个也没交流什么，互相观望了一会儿，隧蜂就离开了，小飞蝇却马上跑到它的家里搞破坏。

很明显，小飞蝇即使不是一个强盗，至少也是一个小偷，谁会在主人离开之后再光顾它的家呢？小飞蝇大模大样地进洞了，好像回到自己家一样，在蜂房里东翻翻，西找找。当它相中某个蜂房之后，就将自己的卵产在里面。隧道里还有其他隧蜂在忙碌，但是大家都对这个强盗不闻不问，好像根本没看见一样，除非蜂房的主人回来，否则这个坏蛋不会离开。不过我发现小飞蝇总是将时间掐得很准，隧蜂回来之前，它总是能干完所有的坏事，然后偷偷溜走。不过它也不会逃太远，仍然在附近偷窥，隧蜂再度离开之后，它还会回到蜂房搞破坏。

劳动者与寄生者本应该有不共戴天的仇恨，隧蜂本应该看到小飞蝇就发火，可是我却没有看到这一点。当它与小飞蝇在洞口狭路相逢时，它也只是奇怪地盯着小飞蝇看了一会儿，它完全可以用自己长长的足将小飞蝇的肚子给捅破呀！也可以用自己的大颚将这个小坏蛋给咬得粉碎！更可以用自己的蜇针像匕首一样插进坏蛋的肚子！可它就是什么也不做。如果说这是因为它还不知道面前这个红眼睛的家伙就是危害自己孩子的坏蛋，那也就罢了。可是有时我看到，隧蜂回到洞底刷花粉、吐蜜囊的时候，胆大包天的小飞蝇跟着来到了洞底，隧蜂依然没对"坏人"采取什么抵抗措施。我想，即使

小飞蝇恬不知耻地在隧蜂的面前做坏事，隧蜂最多也只是用自己的翅膀轻轻拍打一下这个讨厌鬼的肩膀，将它轰走而已，不会与它发生激烈的打斗，更不会为了捍卫自己的家庭将敌人残忍地杀死。而不管小飞蝇做了多么不可饶恕的事，它总能平安无事地从隧蜂洞里走出来，然后再趴在洞口等候下一次做坏事的机会。

小飞蝇究竟都做了什么坏事？它不是一个"面包"偷窃者，不会冒着生命危险来偷隧蜂的花粉和蜜囊，况且它自己也会采蜜，没必要偷别人的。它只是帮自己的孩子偷"面包"，像所有寄生虫一样，它将自己的卵产在隧蜂的仓库里，然后让自己的孩子吃隧蜂的"面包"，隧蜂的幼虫则活活饿死。我从隧蜂的蜂房里挖出一些"面包"，发现"面包"已经变成了碎屑，里面并没有隧蜂幼虫，而是两三只尖嘴蛆——它们是小飞蝇的后代。因此小飞蝇最大的罪恶，就是饿死了隧蜂的香火继承人，毁灭了一个家庭。

在尖嘴蛆享用面包的时候，隧蜂妈妈在干什么呢？蜂房大门敞开，它随时可以过来探望自己的孩子，它一定会发现别人正在抢孩子的面包，孩子快要饿死了。那么身为一个母亲，它为什么不把这些侵略者抓起来丢到外边，或者干脆杀死它们呢？我只能遗憾地对它说：你这个母亲太不称职了。

还有更荒唐的事情呢！隧蜂幼虫化蛹的日子到了，按照惯例，隧蜂妈妈

要用一个泥盖子将蜂房给封锁起来。可有的蜂房已经被尖嘴蛆占据了，里面根本就没有隧蜂，可这个糊涂的母亲依旧按照自己的习惯，将没有孩子的蜂房给封锁起来——封盖的作用是为了确保蛹的安全，一个没有蛹的房间还需要封盖吗？

相比来说，小飞蝇们就聪明得多了，它们似乎知道蜂房会被一个泥土封盖封锁起来，自己是无法穿破这个封盖的，所以一吃完蜂房里的粮食就赶快逃走，而且总是能赶在隧蜂封锁房子之前离开。因此我从来没在隧蜂的蜂房里找到小飞蝇的蛹。

后来我又发现了小飞蝇必须提前离开的第二个原因。隧蜂一年要生育两次，它第二次生育的时候小飞蝇刚好处于蛹期。在生育之前，隧蜂肯定会仔细打扫旧蜂房，小飞蝇的蛹肯定会被当作垃圾弄碎扔掉。想到这一点，我对小飞蝇的生存能力再次惊叹。

看门的外祖母

　　在隧蜂镇，每个居民都过着单门独户的生活，但每个人的周围都有很多邻居，大家共用一条通道，所以每天来来回回不免要碰面。

　　这些总是担心邻居抢占自己蜂房的隧蜂们，看到邻居之后会给对方脸色看吗？没有。有时候一只隧蜂刚准备出去，而另一只正准备进来，大家在通道里相遇后，准备出去的那只隧蜂就有礼貌地后退几步，给回来者让条路，直到对方过去之后自己再出来。即使从下面出来的隧蜂已经上升到洞口了，但只要看到有隧蜂要进洞，也会重新退回，给对方让路。

　　如果大家都回来的话，那就好说了，准备进洞的隧蜂会按顺序

排好队，等前面的隧蜂下去之后，后面的再一只只下去，大家都不争抢，也不插队。

总之这是一个讲秩序讲制度的小镇，这里的居民过着和谐而美好的生活。更令人惊奇的还在后面呢！

一只隧蜂准备进洞时，洞口会有一扇翻板活门，门突然就打开了，隧蜂就畅通无阻地下去了。一旦隧蜂进去，洞口这扇活门又重新上升到洞口与地面齐平的位置。当里面的隧蜂要出来时，门也会下降，打开一个通道，让隧蜂出去；等它出去之后，门再度上升到与地面齐平的位置，又封锁了。

怎么？难道隧蜂镇有一个人专门负责打开和关闭城门的"门卫"吗？确实有，门卫是一只隧蜂，只是它的衣服很破，脑袋上光秃秃的，背上也没多少毛了——这是干活过多被磨掉了。因此我推测这是一只老隧蜂，年轻隧蜂的母亲，幼虫的外祖母。年轻的时候它像所有的母亲一样勤苦地干活，现在它老了，卵巢枯竭了，该休息了。可一贯勤劳的习惯告诉它，不要贪图享乐，要发挥余热，再为自己的家庭多做些贡献，于是它选择了"门卫"这个职业，日夜守护着家族的安全。就像看门的羊羔对门外的狼说："让我看看你的白爪子！否则我绝不开门！"外祖母也会对活门那端的人说："让我瞧瞧你的黄爪子！否则就不让你进来！"如果它发现门外边的不是一只隧蜂，它就不会开门。

一只蚂蚁爬来了，它是一个偷吃蜂蜜的家伙，门卫傲慢地耸耸肩，蚂蚁就被吓得逃走了。有的蚂蚁死皮赖脸地不肯走，门卫就冲出来推它，一直将它赶走。

切叶蜂也嗡嗡嗡地飞来了，它是一个霸占人家房屋的坏蛋，守护在门口的外祖母看到它来了，也会突然冲出来，摆出一个令人害怕的姿势，切叶蜂就灰溜溜地飞走了。

还有尖腹蜂，它是切叶蜂的寄生虫，有时候会误闯到隧蜂镇里，外祖母就冲出来将它狠狠教训一顿，尖腹蜂也灰溜溜地离开了。

总之，每个家庭的外祖母都是非常敬业的，尽自己最大的努力不让里面的孩子受到一丁点儿伤害。但由于寄生虫小飞蝇的捣乱，某个家庭不可避免地陷入灾难，最后竟然没有一只隧蜂羽化出来，没有子孙的外祖母只好离开家四处流浪，看看哪个家庭需要一个看门的守卫。如果某个隧蜂镇已经有了外祖母，就会容不下它。两位外祖母有时还会发生争吵，但流浪者终究理亏，最后只得离开，重新寻找工作。如果它一直找不到工作，就只能孤独地死掉了，一个小小的灰蜥蜴伸一下舌头就可以把它吃掉了。

而那些家庭和谐的外祖母们，则非常珍视自己已有的一切，不分昼夜地站岗放哨，只为了享受一家人平安无事、齐聚一堂的天伦之乐。

对社会生活的向往

　　九月，第二代隧蜂羽化了，不过它们不去为后代采集花粉，也不忙着建造房子，只是在花丛中游玩嬉戏、完成婚嫁。两周之后，雄蜂就都死了，只剩下雌蜂，它们离开隧蜂镇，在某个地方度过寒冷的冬天，到了来年四月份再重新聚集在一起，重造隧蜂镇。

　　为什么隧蜂们在冬天四散开来之后，到了春天还能重聚在一起？有人说，这是因为它们记得自己的老家，所以又回来了。我可不这么认为，第二年的隧蜂建造的小镇与第一年根本就不是一个地方，我从来没见过它们连续两年在同一个小镇上生活。吸引它们重聚在一起的，是共同劳动的喜悦，它们太喜欢过同居生活了，这点在性情温和、爱好和平的昆虫中非常普遍。尽管它们总是冷漠地各人自扫门前雪，不关心邻居会怎样，也不与邻居一起建筑防御体系，但它们依旧喜欢居住在一起，人多热闹，而且看见别人积极干活，自己也会受到影响而努力工作。

　　因此我经常看到范围宽广的隧蜂镇，或者干脆说隧蜂市，因为居住人口实在是太多了。有一种圆柱隧蜂，它们的小镇上约有一千个小土堆，占地十几平方米，里面会有多少只隧蜂呢？我不敢估算。

在膜翅目昆虫中，除了胡蜂、蚂蚁、熊蜂、蜜蜂等昆虫采取群居生活，其他以蜂蜜或猎物来喂养幼虫的膜翅目昆虫，都过着独门独户的生活，如黄足飞蝗泥蜂、节腹泥蜂等，它们虽然成群结队出去觅食，但每只都有自己单独的洞穴，从来没想过找一个邻居跟自己同住。

但即使选择群居生活的昆虫，我们也不要过度赞美它们的生活方式。如条蜂，它虽然与邻居们在一起结合成一个条蜂群，但每只都只在自己的通道上钻洞，并且心胸狭窄，把出现在它面前的虫子，统统赶出洞穴。

三齿壁蜂们会在同一段树莓桩中挖洞、做隔墙，从不喜欢单门独户地过日子，但如果哪只壁蜂冒冒失失地误闯进它的家里，它会毫不客气地将人家推走。

蝘赢也是这样群居的，谁要不小心误闯到邻居家中，一定会受到粗暴的对待。

还有切叶蜂，如果它夹着一个圆叶片误闯到别人家中，肯定马上会被撵出来。

所有群居的膜翅目昆虫都是这样的，大家尽管居住在一起，但都非常冷漠、自私，不会出现人类社会中邻居之间亲密交往的情况，大家谁都不关心对方的事，也不会让邻居进自己的家，否则一场大战难以避免。所以隧蜂镇中的居民各自只忙碌自己的事，我也不会太惊讶。每个隧蜂母亲都只照顾自己的卵，都只为自己的孩子建筑蜂房，都只为自己的孩子采集蜂蜜，绝不理

会别人家的孩子。大家所有的关系，只是共有一个过道而已，好像我们人类各自有家，但却有一个共同的大街一样。

在这样的生活原则下，隧蜂小镇的所有居民都恪守本分，互不侵犯，在洞口相遇的时候也都遵循过往规则，一个个按次序进，或者总是让归巢者先进，大家相安无事，整个小镇非常和谐。

还有一个值得思考的问题。我观察到一个通道里平均有四五只隧蜂，可这一条共有的通道并非它们几个共同劳动的结果。真实的情况是，一只隧蜂单枪匹马地挖掘一条通道，当通道被传到第二代的时候，前庭便成了子代居民的共同财产。

在解放的日子来临时，先羽化的隧蜂会率先出去，将外祖母和母亲堵塞的通道给开通，如果它太累了，没力气开通了，就先退回自己的蜂房里。第二只隧蜂会接着开通，它不是帮第一个，而是为了自己能尽早地飞出去。最后通道畅通了，所有刚羽化的隧蜂都会从这里飞出去。如果说前几只隧蜂为后几只隧蜂开路的话，那也不是为后来者帮忙，而是不得已，因为它也要从这里出去。

总而言之，隧蜂们为了后代建造了隧蜂镇，小镇仅有唯一的大门，唯一的通道，所有的隧蜂都从这里进出，所以表面上看这里好像形成了一个共同体，形成了一个简单的社会。

闻所未闻的生育方式

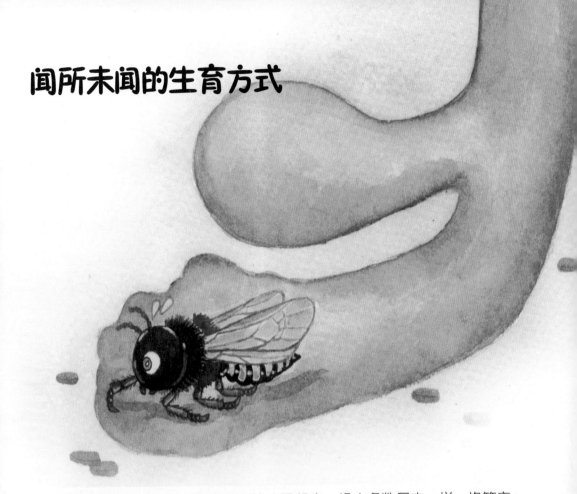

　　繁忙的五月份到了，隧蜂们开始忙碌起来。像大多数昆虫一样，修筑房子、采集粮食等之类的家务活，被统统丢给了女主人。丈夫干什么去了呢？

　　事实上这个季节根本就没有雄蜂，它们只出现在九月份。所以我猜测，隧蜂一年可能繁衍好几代，五月份这一代只有雌蜂，没有雄蜂，九月份那一带才同时有这两种蜂。

　　七月份，里面出现了一些新的小土堆，说明新一代的隧蜂将要羽化了，它们正在底下挖解放的通道。为了早些看到我的推测是否正确，我用一把铲子挖开了它们的通道，清点出250只隧蜂，但249只都是雌蜂，只有一只雄蜂，还非常弱小，没有脱掉蛹壳就已经死了。很明显，七月份孵化的这一代隧蜂，只有雌蜂。

　　七月份的第二个星期，新一代的隧蜂开始筑巢，它们将上一代的地道重新修复并延长，将所有能用的蜂巢重新打扫一下，已经损坏的则重新修补，然后就准备采蜂蜜、产卵，封锁蜂房。在此过程中，没有一只雄蜂出现，我只看到了雌蜂。

由于这时候正是夏季，卵孵化很快，幼虫的发育也很快，一个月之后，即八月底，我又看到新一代的隧蜂羽化了，地面上重新积起一些小土堆。可这一次羽化出现的隧蜂，既有雌蜂，也有雄蜂。雄蜂和雌蜂很好区别：雄蜂一身黑，腹部细长，上面有红色体环环绕；雌蜂身体呈淡褐色。这时候我也用铲子挖了隧蜂镇，得到80只雄蜂，58只雌蜂，雄蜂比雌蜂多。我挖了很多隧蜂镇，得出的结论是：雄蜂总是比雌蜂多，它们之间的数量比约为四比三。

还会有第三代隧蜂吗？好像没有了。整个九月份，我只看到雄蜂成群地从一个洞穴飞到另一个洞穴，雌蜂留恋在花丛中，但却没有带着花粉和蜜囊回来。雄蜂不缠着雌蜂求爱，雌蜂也不向男士抛媚眼。我观察了两个月，它们没有什么异常举动，彼此之间客客气气的，始终遵守着隧蜂镇的一切规则。洞口也没有堆积的小土丘，说明地下并没有展开重修蜂巢的工作。偶尔会在洞口看到一些泥屑，这还不是女主人干的，而是一向懒散的雄蜂挖的——这是我第一次看见雄性膜翅目昆虫干活。

　　天渐渐冷了起来，外出活动的隧蜂渐渐少了，它们通常都是隐居在地下。我从来没见过隧蜂们之间的婚礼，也许它们在地下城堡中已秘密举行过了。我挖了一些隧蜂镇，证实了我的猜测，地下确实在秘密举行婚礼。婚礼

　　结束后，雄蜂会离开洞穴，到野外随便寻找些花蜜吃，然后老死在洞外；雌蜂则把自己留在蜂房里，到了明年五月份才出来。

　　联想到来年五月份看到的那些忙于筑巢和采蜜的雌蜂，我推测它们在上一年秋天已经怀孕，否则不会产下七月份这一代雌蜂。而子代的隧蜂中只有雌蜂，它们没有丈夫，却产出了九月份既有雌性又有雄性的孙辈隧蜂。隧蜂们竟然采取了无性生殖的繁衍方式，而且雌雄隧蜂交配之后只能生下雌蜂后代，雌蜂自己无性繁殖却能生出雌雄两种后代，这在昆虫界真是闻所未闻的新鲜事！为什么会出现这种情况呢？我不知道，也许精通生殖活动的蚜虫能告诉我。

小贴士：外祖母与"小偷"较量

你知道吗？隧蜂外祖母这个职业的产生，似乎跟小偷小飞蝇有着隐隐约约的关系呢！

隧蜂一年可生产两代，而小飞蝇只有一代，它专门在第一代隧蜂中搞破坏，一旦它们吃饱了粮食，就赶紧逃出来，隧蜂会封闭蜂房。到了七月份，第一代隧蜂开始建筑蜂房产卵了，准备生第二代隧蜂，而这时候呢，小飞蝇刚好羽化为成虫，第二代卵正等着它呢，它又可以为非作歹了。可这时候隧蜂镇上有了一个看家护院的外祖母，它再也不能去搞破坏了，只能灰溜溜地从隧蜂镇入口逃走，看看能不能到别的昆虫家里打点牙祭。

从时间上来看，小飞蝇出生的时候刚好可以抢第一代隧蜂的粮食，它羽化时就可以产卵了，这时候刚好是第二代隧蜂粮食的准备阶段，如果没有外祖母的守候，它完全可以让自己的卵再祸害第二代隧蜂——这两种昆虫的时间调节得多么一致，好像小飞蝇的存在就是为了专门残害隧蜂一样，而且是代代残害。正像人们常说"做事就是赚别人的钱"一样，小飞蝇也可以自豪地说："生活就是偷隧蜂的蜂蜜。"

人类社会基本上是和平的。但在昆虫界，和平是根本不存在的，总有一种昆虫被另一种昆虫所猎食，总有一种昆虫的粮食被另一种昆虫给抢去。它们没有理性，没有法律，唯一的规则就是生存，为了自己的生存，只能损害他人的利益。可我们面对这一切又能怎样呢？小飞蝇也许会委屈地说："这是大自然教给我的生存法则，如果我不吃隧蜂的蜜，我就会饿死，它没有教我怎样劳动，只教我怎样偷别人的蜜。"但我想，做坏事的终究会受到惩罚，可恶的小飞蝇，最终肯定会被某种食肉昆虫给吃掉。

令我好奇的是，那个外祖母，当它还是一个母亲的时候，小飞蝇经常尾随着它到洞里，在它的蜂房里搞破坏，那时候它对这个小偷非常客气，甚至不会生气地将它赶走。可是它当上外祖母之后，脾气却变了，对所有接近蜂房的陌生人都很警惕，会毫不留情地将不怀好意者赶走。它这种转变是怎么产生的呢？

有的人可能会说，痛失爱子的教训告诉它，小飞蝇是残害自己孩子的凶手，下次遇到绝不能放过。我却不这样认为。如果它通过总结教训学会看门这个防御技巧，为什么它不告诉自己的孩子或者外孙，让它们也学会这个技巧呢？至少来年春天隧蜂家族可以免遭小飞蝇的骚扰。可它却没有告诉后代这一点，于是隧蜂年年看到小飞蝇都无动于衷，家族年年受到威胁。

这一切都拜本能所赐，因为本能没有告诉它们更多。

图书在版编目（CIP）数据

最勤恳的挖掘工：粪蜣螂、螳螂／（法）法布尔
（Fabre, J. H.）原著；胡延东编译. — 天津：天津科技翻
译出版有限公司，2015.7
（昆虫记）
ISBN 978-7-5433-3499-1

Ⅰ.①最⋯ Ⅱ.①法⋯ ②胡⋯ Ⅲ.①螳螂科－普及读
物 Ⅳ.①Q969.26-49

中国版本图书馆 CIP 数据核字（2015）第 103975 号

出　　版：天津科技翻译出版有限公司
出 版 人：刘　庆
地　　址：天津市南开区白堤路 244 号
邮政编码：300192
电　　话：（022）87894896
传　　真：（022）87895650
网　　址：www.tsttpc.com
印　　刷：三河市兴国印务有限公司
发　　行：全国新华书店
版本记录：787×1092　16开本　　8印张　160千字
　　　　　2015年 7月第1版　　2015年 7月第 1 次印刷
　　　　　定价：23.80元

（如发现印装问题，可与出版社调换）